U0345635

国家中职示范校数控专业课程系列教材

零件数控车床加工：FANUC系统

LINGJIAN SHUKONG CHECHUANG JIAGONG: FANUC XITONG

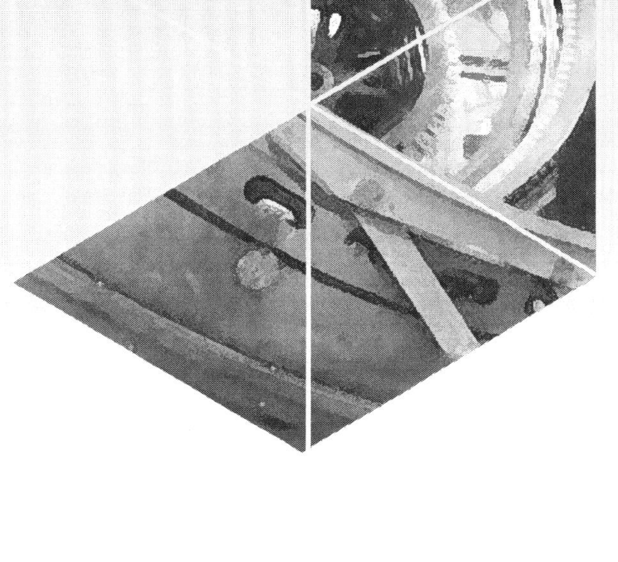

孙 勇 主编

图书在版编目（CIP）数据

零件数控车床加工 ：FANUC 系统 / 孙勇主编. —北京 ：知识产权出版社, 2015.11
国家中职示范校数控专业课程系列教材 / 杨常红主编
ISBN 978-7-5130-3791-4

Ⅰ. ①零… Ⅱ. ①孙… Ⅲ. ①数控机床－车床－零部件－加工－中等专业学校－教材 Ⅳ. ①TG519.1

中国版本图书馆 CIP 数据核字(2015)第 220981 号

内容提要

本书共 6 个项目，18 个任务，主要内容包括数控车床的操作、各种常见零件数控编程与加工方法、非圆曲线零件的编程与加工方法、工艺复杂零件的编程与加工方法、数控车床仿真加工方法等。各项目均包括加工任务和相应的知识点与技能点，以便学生将所学知识融会贯通，并较好地应用于加工任务。本书以项目为载体，以学生的认知规律为依据，采用由简单到复杂的规律设计教学项目和教学任务，并组织知识内容，尽量使每一个知识点都有实例可依，有项目可循，充分体现了“项目驱动、任务引领”的方式。通过学习任务的不断完成，不光提升学生的职业能力，更有利于学生良好职业素养的形成和再学习能力的提高。

本书可作为高技能人才培训基地、高职高专、技工院校数控加工专业及相关专业教学用书，也可以作为机械加工制造企业和相关工程技术人员的培训教材。

责任编辑：彭喜英　　**责任出版**：卢运霞

国家中职示范校数控专业课程系列教材
零件数控车床加工：FANUC 系统
孙　勇　主编

出版发行：知识产权出版社有限责任公司	**网　址**：http://www.ipph.cn http://www.laichushu.com
电　话：010-82004826	
社　址：北京市海淀区西外太平庄 55 号	**邮　编**：100081
责编电话：010-82000860 转 8539	**责编邮箱**：pengxyjane@163.com
发行电话：010-82000860 转 8101/8029	**发行传真**：010-82000893/82003279
印　刷：北京中献拓方科技发展有限公司	**经　销**：各大网上书店、新华书店及相关专业书店
开　本：787mm×1092mm　1/16	**印　张**：11.25
版　次：2015 年 11 月第 1 版	**印　次**：2015 年 11 月第 1 次印刷
字　数：228 千字	**定　价**：30.00 元

ISBN 978-7-5130-3791-4

牡丹江市高级技工学校

教材建设委员会

主　　任　原　敏　杨常红

委　　员　王丽君　卢　楠　李　勇　沈柱军
刘　新　杨征东　张文超　王培明
孟昭发　于功亭　王昌智　王顺胜
张　旭　李广合

本书编委会

主　　编　孙　勇

副 主 编　关向东　姚作林

编　　委

学校人员　关向东　姚作林　王　钧
姚光伟　孙　勇　陈　鸣
王　敏　戴淑清　颜红霞

企业人员　王昌智　王殿民　潘振东

前　言

2013 年 4 月，牡丹江市高级技工学校被三部委确定为“国家中等职业教育改革发展示范校”创建单位。为扎实推进示范校项目建设，切实深化教学模式改革，实现教学内容的创新，使学校的职业教育更好地适应本地经济特色，学校广泛开展行业、企业调研，反复论证本地相关企业的技能岗位的典型任务与技能需求，在专业建设指导委员会的指导与配合下，科学设置课程体系，积极组织广大专业教师与合作企业的技术骨干研发和编写具有我市特色的校本教材。

在示范校项目建设期间，我校的校本教材研发工作取得了丰硕成果。2014 年 8 月，《汽车营销》教材在中国劳动社会保障出版社出版发行。2014 年 12 月，学校对校本教材严格审核，评选出《零件数控车床加工：FANUC 系统》《模拟电子技术》《中式烹调工艺》等 20 册能体现本校特色的校本教材。这套系列教材以学校和区域经济作为本位和阵地，在学生学习需求和区域经济发展分析的基础上，由学校与合作企业联合开发和编制。教材本着“行动导向、任务引领、学做结合、理实一体”的原则编写，以职业能力为核心，有针对性地传授专业知识和训练操作技能，符合新课程理念，对学生全面成长和区域经济发展也会产生积极的作用。

各册教材的学习内容分别划分为若干个单元项目，再分为若干个学习任务，每个学习任务包括任务描述及相关知识、操作步骤和方法、思考与训练等。各册教材适合各类学生学用结合、学以致用的学习模式和特点，适合于各类中职学校使用。

《零件数控车床加工：FANUC 系统》分为“数控机床操作入门”“简单零件加工”“复杂零件加工”“非圆曲线加工”“工艺复杂零件加工”“数控车床仿真加工”6 个项目单元，共计 18 个学习任务。本书在北京数码大方科技有限公司王昌智、北方双佳石油钻采器具有限公司王顺胜等策划指导下，由本校机械工程系骨干教师与北方工具厂研发中心王殿民、富通空调机设备公司潘振东等企业技术人员合作完成。

限于时间与水平，书中不足之处在所难免，恳请广大教师和学生批评指正，希望读者和专家给予帮助指导！

牡丹江市高级技工学校校本教材编委会

2015 年 8 月

目　录

项目一　数控车床操作入门

任务一　数控车床简介及手动操作

学习目标

能够熟悉车床操作面板及坐标系相关知识。
能够掌握数控车床的保养及安全操作。
能够掌握数控车床手动操作的要领及对刀的方法。

相关知识

1. 机床控制面板

FANUC0i-MATE-TD 车床数控系统具有集成式操作面板，分为 LCD（液晶）区、MDI 键盘区和车床控制区，如图 1-1 所示。

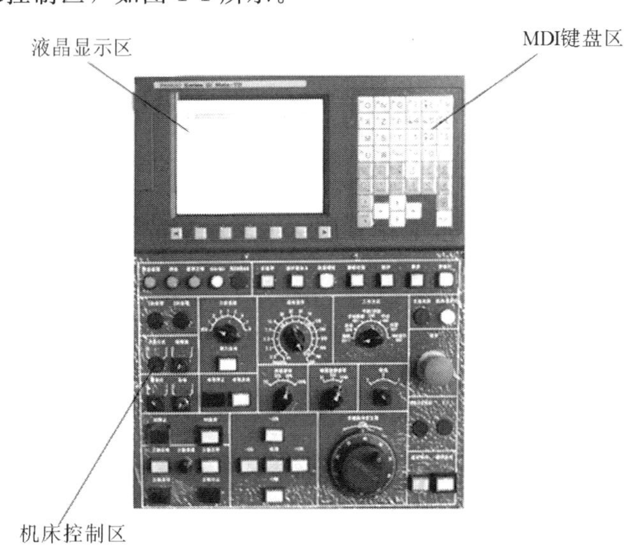

图 1-1　FANUC0i-MATE-TD 操作面板

2. 车床控制面板主要功能简介

1）车床控制面板

图 1-2 所示为 FANUC0i-MATE-TD 车床控制区面板。

图 1-2　FANUC0i-MATE-TD 车床控制区面板

2）车床控制面板主要按键工能

表 1-1 列出了车床控制面板主要按键功能。

表 1-1　车床控制面板主要按键功能

序号	按　钮	名　称	功 能 简 介
1		NC 启动	打开系统电源
2		NC 停止	关闭系统电源
3		紧急停止按钮	按下急停按钮，使机床移动立即停止，并且所有的输出如液压、主轴的转动、冷却液等都关闭
4	工作方式选择旋钮	编辑方式	编辑程序
		手动数据（MDI）方式	执行单一命令及机床参数的编辑
		自动方式	自动加工
		手动方式	手动方式，连续移动
		手轮/步进方式	用手轮控制刀架移动
		DNC 运行方式	联机传输运行程序
		回零方式	机床回零建立机床坐标系

续表

序号	按　钮	名　称	功 能 简 介
5		进给倍率调整旋钮	外圈为手动进给的数值，内圈为自动进给设定值的百分数
6		刀位选择旋钮	选择当前所用刀具的刀号，按下其下方的调刀启动按钮开始执行
7		循环启动（白色）	程序运行开始或继续运行被暂停的程序
8		进给保持（黄色）	程序运行暂停，在程序运行过程中，按下此按钮运行暂停
9		单步	当此键被按下，运行程序时每次执行一个程序段
10		跳步	灯亮时，数据程序中的跳过符号“/”有效
11		机床锁住	X、Z 轴全部被锁定，当此键被按下时，机床不能移动
12		任选停	当灯亮时，程序中的 M01 生效，自动运转暂停
13		空运行	用于程序校验
14		主轴正转	手动方式，按下此按钮，主轴开始正转
15		主轴停止	手动方式，按下此按钮，主轴停止转动
16		主轴反转	手动方式，按下此按钮，主轴开始反转

续表

序号	按　钮	名　称	功能简介
17		主轴点动	手动方式，按下此按钮，主轴开始旋转，松开即停止
18		快移倍率旋钮	在手动方式下，快速移动时的速度值的百分数
19		移动方向按钮	手动方式，按下此按钮，控制 X、Z 轴运动，同时按下中间的快速按钮则按设定的快速移动速度移动
20		手摇脉冲发生器	用手轮精确控制机床
21		（手轮的）增量进给倍率调节旋钮	调节手轮方式运行时的移动速度倍率（0.01，0.1，1）
22		（手轮）进给轴选择旋钮	手轮方式时，进给轴的选择

3. 功能键和软键

功能键用于选择显示的屏幕（功能）类型。按了功能键之后，按下软键（节选择软键），与已选功能相对应的屏幕（节）就被选中（显示）。

1）画面的一般操作

（1）在 MDI 面板上按功能键，属于选择功能的章选择软键出现（图 1-3）。

（2）按其中一个章选择软键，与所选的章相对应的画面出现。如果目标章的软键未显示，则按继续菜单键（下一个菜单键）。

（3）当目标章画面显示时，按操作选择键显示被处理的数据。

（4）为了重新显示章选择软键，按返回菜单键。画面的一般操作如上所述。然而从一个画面到另一个画面的实际显示过程是千变万化的。有关详细情况见各操作说明。

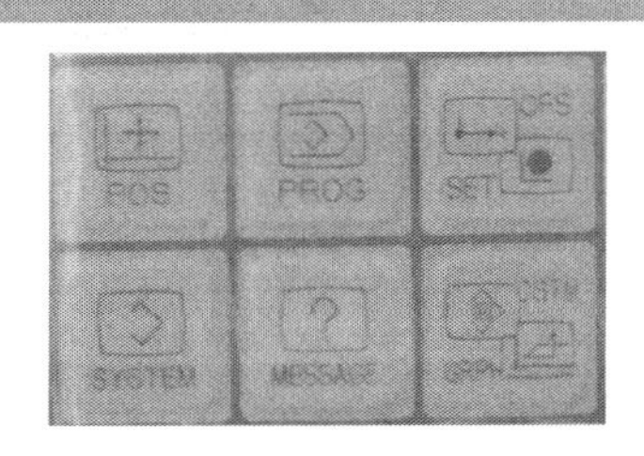

功能键

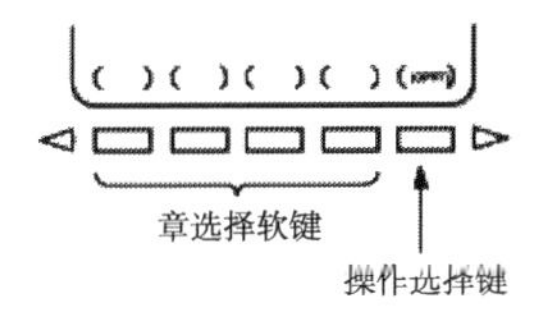

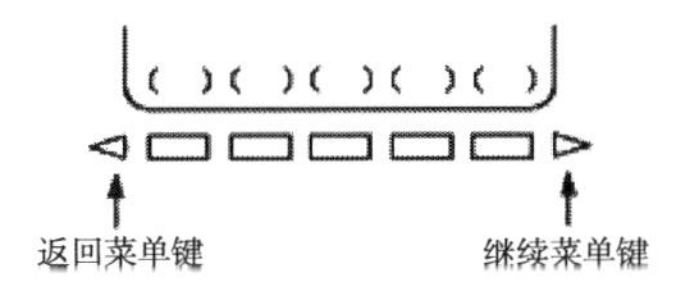

图 1-3　选择画面类型

2）功能键

功能键在 MDI 面板上，见表 1-2。

表 1-2　功能键

POS	按此键显示位置画面。用于显示刀具的坐标位置
PROG	按此键显示程序画面。用于显示存储器里的程序、MDI 方式下输入及显示数据
OFS SET	按此键显示刀偏/设定。用于设定并显示刀补值、工作坐标系
SYSTEM	按此键显示系统画面，参数设定、显示等
MESSAGE	按此键显示报警信息画面
CSTM GRPH	按此键显示用户宏画面（会话式宏画面）或图形显示画面

3）软键

为了显示更详细的画面，在按了功能键之后紧接着按软键。软键在实际操作中也很有用。下面说明按各个功能键后软键显示的改变。

表示画面。

表示按功能键可显示的画面（＊1）。

[　　] 表示软键（＊2）。

（　　）表示从 MDI 面板输入。

[____] 表示用绿色（或高亮）显示的软键。

表示继续菜单键（最后软键）。

＊1 按功能键进行画面间切换，它们被频繁地使用。

＊2 根据不同配置有些软键不显示。

4. 数控车床的分类

数控就是用数字数据的装置对某一生产过程实现自动控制。数控车床就是采用了数控技术的车床，数控车床按使用功能分为经济型数控车床、全功能型数控车床以及车削加工中心。

1）经济型数控车床

如图 1-4 所示，其特点是：经济型数控车床是基于普通车床进行数控改造的产物。一般采用开环或半闭环伺服系统；主轴一般采用变频调速，并安装有主轴脉冲编码器用于车削螺纹。经济型数控车床一般刀架前置（位于操作者一侧）。

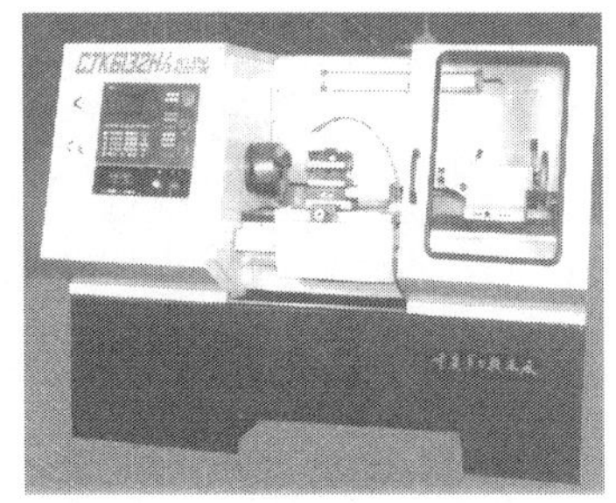

图 1-4 经济型数控车床

机床主体结构与普通车床无大的区别，由于主轴和进给的调速主要依靠多速电动机和伺服电动机来完成，简化了主运动和进给运动传动链，故其产生的振动和噪声大大小于普通车床。精度可达 0.01mm。

2）全功能型数控车床

如图 1-5 所示，其特点是：一般采用后置塔式刀架，主轴伺服驱动，可携带的刀具数量较多，并采用倾斜式导轨以便于排屑。该类型机床一般都配有单独的排屑器，并配有液压卡盘和液压尾座。精度可达 0.001mm。

图 1-5　全功能型数控车床

3）车削加工中心

如图 1-6 所示是一款卧式车削加工中心的外形图片，它在全功能型数控车床的基础上进一步提升机床性能。车削加工中心具备三大典型特征：

其一是采用动力刀架。在刀架上可安装铣刀等刀具，刀具具备动力回转功能。启用此功能后，机床的主运动即刀架上刀具的旋转运动。因此，车削加工中心也可称为车铣复合机床。

其二是车削加工中心具有 C 轴功能。当动力刀具功能启用后，主轴旋转运动即成为进给运动。

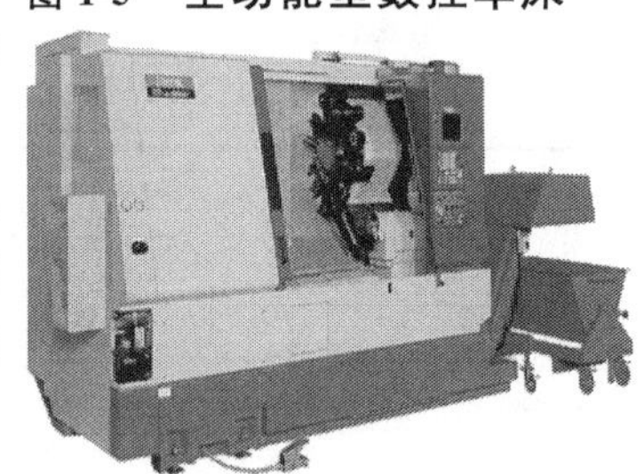

图 1-6　车削加工中心

其三是刀架容量大，部分机床还带有刀库和自动换刀装置。

5. 数控车床的坐标轴

Z 轴：Z 轴的判定由“传递切削动力”的主轴所确定，对车床而言，工件由主轴带动作为主运动，则 Z 轴与主轴旋转中心重合，平行于机床导轨。

X 轴：X 轴在工件的径向上，且平行于车床的横导轨。坐标轴的方向：假定工件位置相对不变，则刀具远离工件的方向为正。从图 1-7 和图 1-8 中可以看出数控车床的坐标轴方向。

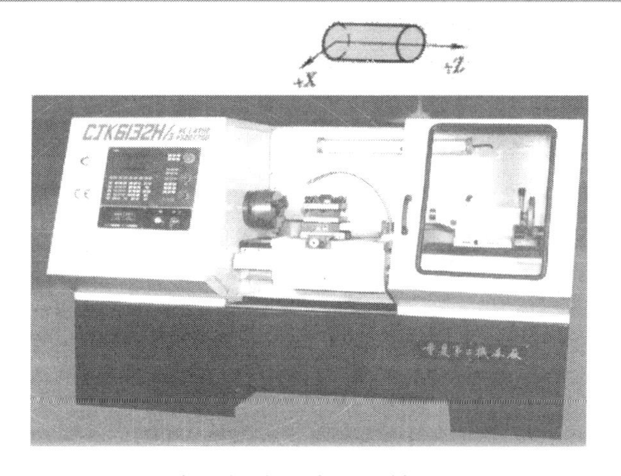

图 1-7　经济型数控机床坐标轴（前置刀架）

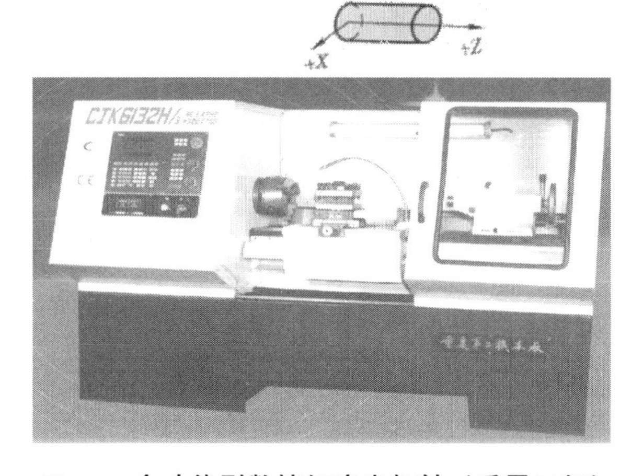

图 1-8　全功能型数控机床坐标轴（后置刀架）

6. 机床坐标系和编程坐标系

1）笛卡儿坐标系

数控机床的坐标系一般采用符合右手定则规定的笛卡儿坐标系。在三维坐标系中，各坐标轴的正轴方向是根据右手定则确定的。右手定则也决定三维空间中任一坐标轴的正旋转方向。如图 1-9 所示，拇指即指向 X 轴的正方向。伸出食指和中指，食指指向 Y 轴的正方向，中指所指示的方向即是 Z 轴的正方向。X、Y、Z 轴的旋转轴分别命名为 A、B、C 轴。

2）机床原点与机床坐标系

机床原点是生产厂家在制造机床时设置的固定坐标系原点，也称机床零点，它是在机床装配、调试时就已经确定下来的。机床原点一般位于卡盘端面与主轴中心线的交点处。也有些机床的机床原点位于机床移动部件沿其坐标轴正向的极限位置，这一点通常也称为机床参考点，即这些机床的机床原点与机床参考点重合。以机床原点为坐标原点的坐标系

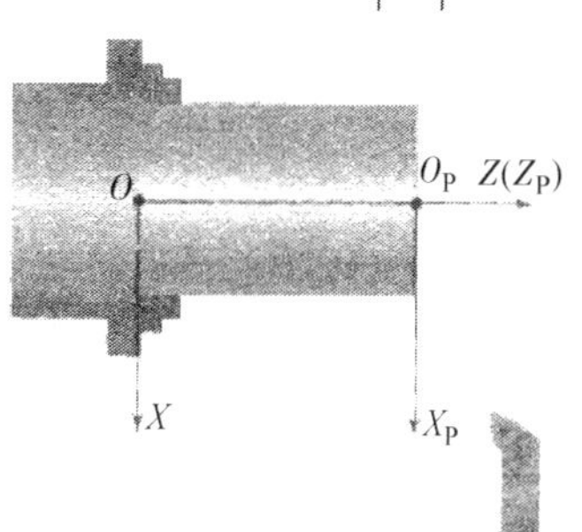

图 1-9　坐标系示意图

称为机床坐标系，如图1-9中的 XOZ 坐标系。

3）编程坐标系与编程原点

以编程原点为坐标原点的坐标系称为编程坐标系，也叫作工件坐标系，如图1-9中的 X_POZ_P 坐标系。编程原点是编程人员根据加工零件图样选定的编制程序的坐标原点，也称编程零点或程序零点。

编程原点的选择原则如下：

（1）所选的原点应便于数学计算，能简化程序的编制。

（2）编程原点应选在容易找正、在加工过程中便于检查的位置上。

（3）编程原点应尽可能选在零件的设计基准或工艺基准上，以使加工引起的误差最小。

数控车床的编程原点一般选定为工件右端面与主轴轴线的交点，通过对刀确定。对刀的目的就是将机床坐标系转换为编程坐标系。

7. 数控机床的日常维护

1）维护与保养的意义

机床使用寿命的长短和效率的高低，不仅取决于机床的精度和性能，很大程度上也取决于它的正确使用、维护及保养。

正确的使用能防止设备非正常磨损，避免突发故障；精心的维护保养可使设备保持良好的技术状态，延缓劣化进程，及时发现和消灭隐患于未然，从而保障安全运行。

机床的正确使用和精心维护保养是贯彻设备管理以预防为主的重要环节。

2）数控车床日常维护及保养细则

（1）保持良好的润滑状态，定期检查、清洗自动润滑系统，增加或更换润滑脂、油液，使丝杠、导轨等各运动部位始终保持良好的润滑状态，以降低机械磨损。

（2）进行机械精度的检查调整，以减小各运动部件的形位误差。

（3）经常清扫。周围环境对数控机床影响较大，如粉尘会被电路板上静电吸引，而产生短路现象；油、气、水过滤器、过滤网太脏，会发生压力不够、流量不够、散热不好，造成机、电、液部分的故障等。

具体内容见表1-3。

表1-3　数控车床日常维护及保养内容

序号	检查周期	检查部位	检查要求
1	每天	导轨润滑油箱	检查游标、油量、油泵，能不定时启动和停止
2	每天	X、Z轴导轨面	清除切屑及脏物，导轨面有无划伤
3	每天	压缩空气源压力	检查气动系统压力
4	每天	机床液压系统	油箱、泵、表压力正常，管路及接头无泄漏
5	每天	电器柜散热通风	冷却风扇正常，风道过滤网无堵塞
6	每半年	滚珠丝杠	清除丝杠上旧润滑脂，涂上新润滑脂
7	不定期	切削液箱	检查液面高度，经常清洗过滤器
8	不定期	排屑器	经常清理切屑
9	不定期	检查导轨上镶条	按机床说明书调整

8. 数控车床安全操作守则

为正确合理地使用数控车床，保证机床正常运转，必须制定比较完善的数控车床安全操作守则，通常包括以下内容。

(1) 检查电压、气压、油压是否正常（有手动润滑的部位先要进行手动润滑）。

(2) 机床通电后，检查各开关、按钮、按键是否正常、灵活，机床有无异常现象。

(3) 检查各坐标轴是否回参考点，限位开关是否可靠；若某轴在回参考点前已在参考点位置，应先将该轴沿负方向移动一段距离后，再手动回参考点。

(4) 机床开机后应低速空运转 5～10min，使机床达到热平衡状态。

(5) 装夹工件时应定位可靠，夹紧牢固。检查所有螺钉、压板是否妨碍刀具运动，以及零件毛坯尺寸是否有误。

(6) 数控刀具选择正确，夹紧牢固。

(7) 首件加工应采用单段程序切削，并随时注意调节进给倍率来控制进给速度。

(8) 试切削和加工过程中，刃磨刀具、更换刀具后，一定要重新对刀。

(9) 加工结束后应清扫机床并加防锈油。

(10) 停机时应将各坐标轴停在正向减速开关附近。

操作练习

1. 机床开机操作

(1) 检查 CNC 和机床外观是否正常。

(2) 检查并关好机床防护门。

(3) 将总电源开关（机床左侧）推到 ON 位置，合通总电源开关，电箱风扇开始工作，数秒钟后机床照明灯点亮。

(4) 使急停开关处于解锁状态，将机床操作面板上的“NC 启动”钮（白色）按下，数秒钟后 LCD 亮。LCD 显示有关位置和指令信息。数秒钟后，机床准备好灯亮，机床进入准备状态。

2. 回参考点操作

(1) 将工作方式旋钮调至回零，机床进入手动回零方式。这时屏幕左下角显示 REF。

(2) 按下 ↓ 键（X 轴）和 → （Z 轴）的正方向键，刀架向选择的方向运动，在减速点之前机床快速移动，碰到回零开关减速后，移动到参考点。在此期间快移倍率有效。

3. 手动操作

(1) 将工作方式旋钮调至手动方式，这时屏幕左下角显示 JOG。

(2) 选择移动轴，手动期间只能一个轴运动，如果同时选择两轴的开关，也只能是先选择的那个轴运动。

(3) 选择手动进给速度，通过面板下方的进给倍率旋钮开关选取。进给倍率旋钮开关可以调节数控程序自动运行或手动连续进给时的进给速度倍率。

（4）快速进给按下快速进给键时，同时按下 X 轴或 Z 轴的方向键，机床以快速度进给。其速度通过快速进给倍率选择旋钮选择，按机床设定快移速度的 20%、25%、50%、100% 移动。

4. 手轮操作

转动手摇脉冲发生器，可以使机床微量进给。

（1）将工作方式旋钮调至手轮方式，这时屏幕左下角显示 HAND。

（2）选择手轮运动轴 X 轴或 Z 轴，将轴选旋钮调至 X 轴或 Z 轴，则在 LCD 上与选择的轴所对应的地址 U 或 W 闪烁。

（3）转动手轮，顺时针方向为正向移动，逆时针方向为负向移动。

（4）选取移动量：其移动量通过增量倍率旋钮控制，增量倍率分别为 X1、X10、X100，每旋转一个刻度，机床按选择的倍率的移动增量 0.001mm、0.01mm、0.1mm 移动。

5. 手动换刀操作

在手动（手轮）方式下，转动刀位选择旋钮到相应的刀号，按下调刀启动键，刀架按相应的刀号转动到位。手动连续换刀时，每选一个刀位，要等 5s 后，才可以选择下一刀位。防止因刀架电机频繁启动、停止、反转，造成电机过热烧毁刀架电机。

6. 主轴转速调整

（1）将工作方式旋钮调到手动（手轮）方式。

（2）按下“主轴正转”键。

（3）转动“转速调整”旋钮，顺时针方向转动时，转速升高；反之，转速降低。转速值可以在屏幕的右下方观察到。

7. 对刀步骤

（1）将工作方式旋钮调至手轮方式。

（2）转动刀具调整旋钮到相应的刀号，按下刀具调整键，选择所用刀具。

（3）试切工件端面，后沿 X 轴正向退刀。

（4）按下 OFS/SET 键，按软键“刀偏”“形状”。

（5）移动光标至指定的刀补号，输入“Z0”，按“测量”软键。

（6）试切工件外圆，并沿 Z 轴正向退刀。

（7）停主轴，测量出当前外圆尺寸 ϕd。

（8）输入“xd”，按“测量”软键。

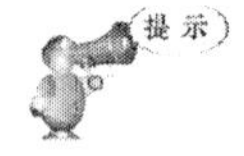

刀补设定后可用 MDI 操作方式检测刀补的正确性。

选择“MDI”方式，输入刀号和刀偏号（如 T0101），按循环启动键执行，选择手轮方式，移动刀具到某一特殊点，如点（0，0）、（d，0）等，检测其正确性（看刀具的实际位置和屏幕显示的编程坐标系位置是否一致）。执行新的刀补后，系统坐标系将由机床坐标系变成工件坐标系。

8. 关机操作

（1）检查循环启动灯是否关闭。

（2）检查机床的移动部件是否已经停止移动。

（3）如有外部设备接到机床上，先关闭其电源。

（4）按下“NC 停止”键，关闭总电源。

安全提示

（1）穿戴好工作服、工作鞋、工作帽、防护眼镜，熟记操作规程。

（2）开机前要检查设备有无异常状况以及油箱和润滑装置的油质、油量，确认无误后，先拉出润滑泵的润滑手柄，开始润滑导轨等部位，而后低速空转，待润滑部位及其他各部位正常后方可工作。

（3）不能随便打开控制柜的门。

（4）切削加工时一定要关防护门。

（5）每天实习结束前，要切断电源，清扫擦拭设备，在设备滑动导轨部位注油，清理工作场地，保持设备整洁。

巩固提高

1. 简述开、关机的步骤。

2. 如何进行机床回参考点操作？回参考点有哪些作用？

3. 简述对刀的步骤。

4. 如何检验对刀的正确性？

5. 实习操作有哪些要注意的地方？

6. 谈谈在实习结束后，你要做好哪些工作才能离开实习场地？

评价与分析

表 1—4　对刀操作评分表

班级		姓名		工件编号		得分
检查项目	序号	技术要求	配分/分	评分标准	检测记录	得分/分
对刀操作	1	手动手轮选择正确	5	方向一次错误扣 1 分		
	2	手轮增量选择正确 手动进给选择正确	10	错一处，扣 1 分		
	3	端面表面质量均匀一致	5	每处扣 1 分		
	4	外圆表面质量均匀一致	5	每处扣 1 分		
	5	功能键选择正确	5	选错一次扣 1 分		
	6	刀偏、形状、测量等软键操作正确	10	按错一个软键扣 1 分		
	7	数据输入正确	10	格式不对每处扣 1 分，位置不对扣 5 分		
	8	检测刀偏方法正确	10	一处错误扣 2 分		
文明生产	9	正确执行安全操作规程	20	没穿工作服扣 10 分，其他安全隐患每处扣 5 分		
	10	正确进行机床维护和保养	10	一处不合格扣 5 分		
	11	工作场所整理得当	10	一处不合格扣 5 分		

任务二　数控车床程序编辑与输入

学习目标

能够了解数控编程的基本概念及加工程序的基本格式。
能够掌握程序输入的基本方法。
能够掌握数控车床手动车削轴类工件的要点。

相关知识

1. 数控车床编程的基本概念

（1）数控编程的定义。根据零件加工的要求，用机床数控系统能识别的指令形式指定数控系统机床要做哪些动作，这个过程称为数控编程。其实质就是描述刀具的刀位点在编程坐标系中运动的轨迹，而刀位点就是车刀上可作为编程和加工基准的点。

（2）数控编程的分类。数控编程一般分为手工编程和自动编程两类。

①手工编程由手工完成编制加工程序的全过程，包括图样分析、工艺处理、数值计算、编写程序单、制作控制介质和程序校验等。

②自动编程用计算机编制数控加工程序的过程，由编程软件或自动编程系统完成，较适合于复杂零件的编程。

2. 加工程序的基本格式

一个完整的程序由程序号、程序内容、程序结束三部分组成。

```
O0001                                   程序号
N10   T0101
N20   G00   X51   Z1
N30   M03   S700
N40   G00   X45.5
N50   G01   Z—69.8   F200
N60   X51
N70   G00   Z1                          程序内容
N80   X41
N90   G01   X45   Z—1   F100
N100  Z—70
N110  X51
N120  G00   X100   Z100
N130  M30                               程序结束
```

（1）程序号写在程序的最前面，必须单独占一行，由字母“O”加四位数字组成。

（2）程序内容。由许多程序段构成，每个程序段占一行，每个程序段由程序段号和程序段内容、程序段结束构成，程序段号以“N”开头，后为若干数字，程序段内容由若干个小程序块组成，每个程序块称为一个“字”，每个“字”由地址字（字母）和数值字组成，程序段结束用分号（;）表示。

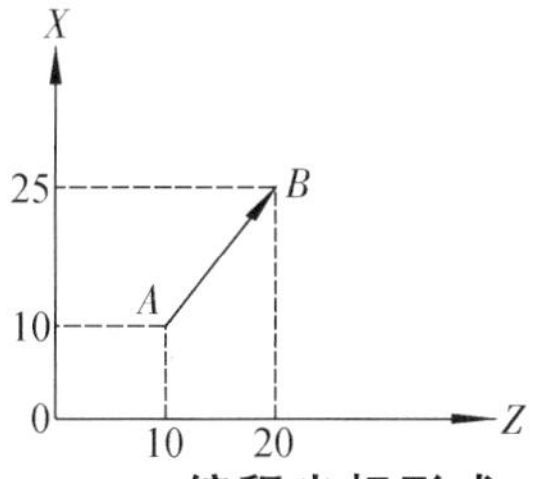

图 2-1　编程坐标形式

3. 编程规则

（1）绝对坐标与增量坐标如图 2-1 所示。

本系统直接用地址符 X、Z 及后面的数字表示点在工件坐标系下的绝对坐标值，而用 U、W 及后面的数字表示轮廓上前一点到该点的增量值。

例如，在图 2-1 中，刀具轨迹由 A 切削到 B，可以写成如下三种程序段形式。

```
G01   X25   Z20   F200
G01   U15   W10   F200
G01   X25   W10   F200
```

本系统可识别绝对坐标编程、增量坐标编程或混合坐标编程。

（2）公、英制编程：FANUC 系统用 G21 来指定公制编程，单位为 mm，用 G20 来指定英制编程，单位为 in。

（3）本系统的 X 轴方向坐标值，除特殊说明外，均采用直径值，坐标平面为 XZ 平面，数字输入可以通过系统参数来设定是否可以省略小数点。

4. 数控机床编程步骤

数控车削加工过程如图 2-2 所示，编程人员在拿到零件图样后，首先应准确地识读零件图样表述的各种信息，主要包括零件几何图样的识读，零件的尺寸精度、形位精度、表面精度的分析；再根据图样分析的结果制定工艺流程，包括加工设备的选择、工艺路线的确定、工夹刃量辅具的选择、切削用量的选择等内容；最后是数控编程阶段，主要包括相关数值的计算、程序编制、程序校验、首件试切削等内容。下面对几个主要过程作详细讲解。

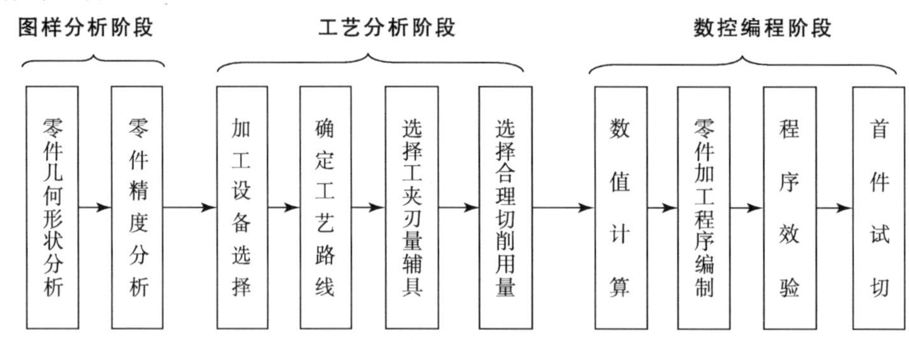

图 2-2 数控车削加工过程

（1）确定加工工艺。根据零件图样进行工艺分析，在此基础上选定机床、刀具与工夹辅具，确定零件加工的工艺路线、工艺步骤以及切削用量等工艺参数等。确定加工工艺应遵循以下两点：

①保持精度原则。工序一般要求尽可能地集中，粗、精加工通常会在一次装夹中全部完成。为减少热变形和切削力变形对工件的形状、位置精度、尺寸精度和表面粗糙度的影响，应将粗、精加工分开进行。

②提高生产效率原则。为减少换刀次数，节省换刀时间，提高生产效率，应将需要用同一把刀加工的加工部位都完成后，再换另一把刀来加工其他部位，同时应尽量减少空行程。

（2）数值计算。根据零件图样上尺寸及工艺路线的要求，在规定的坐标系内计算零件轮廓和刀具运动轨迹的坐标值（如几何元素的起点、终点、圆弧的圆心，两几何元素的交点或切点等坐标尺寸，有时还包括由这些数据转化而来的刀具中心轨迹的坐标尺寸），并以这些坐标值作为编程参照。

（3）编制加工程序单及初步校验。根据制定的加工路线、切削用量、刀具号码、刀具补偿及刀具轨迹，按照机床数控系统使用的指令代码及程序格式，编写零件加工程序单，并进行检查。

（4）程序校验及试切削。将编制好的程序通过键盘直接输入或通过传送电缆传送至数控机床，在有图形模拟功能的数控机床上，可进行图形模拟，或通过空运行检查程序每步的走刀位置是否与编程设计一致。确认程序可行后，进行首件试制。在试切削过程中检查切削用量的选择是否能满足零件的精度要求等。

5. 对刀原理及方法

对刀的目的就是建立工件坐标系与机床坐标系之间的联系。一般是通过刀具位置补偿（刀偏）的执行来实现的。

1）刀位点

车刀上可以作为编程和加工基准的点称为刀位点，对尖形车刀，在不考虑刀尖微小圆弧的情况下，可认为刀尖即为刀位点（图 2-3）。例如，90°外圆车刀的刀位点即主切削刃和副切削刃的交点。数控编程的实质就是描述刀具的刀位点在编程坐标系中运动的轨迹。

2）刀具位置补偿（刀偏）

一个数控车床加工程序不可能只由一把刀具完成，要用到外圆车刀、螺纹车刀、切断刀等多把刀具。刀具安装在刀架中的相对位置又不尽相同。如果选择四方刀架的中心作为参照点，如图 2-4 中，1 号刀具的刀位点到刀架参照点图的距离 T_1X（X 方向）、T_1Z（Z 方向）与 2 号刀具的对应值 T_2X、T_2Z 就不相等。

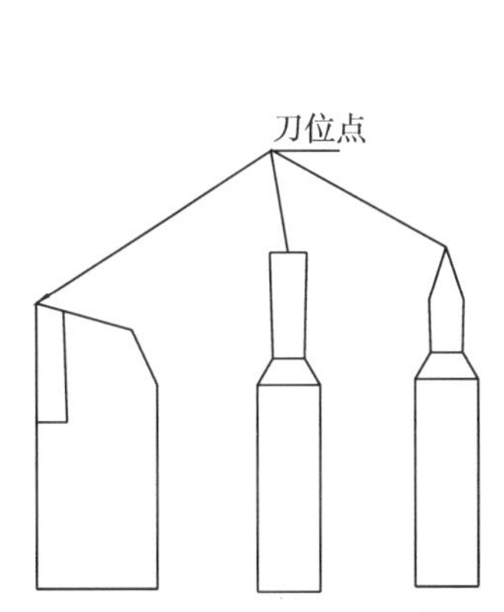

图 2-3　常用车刀的刀位点

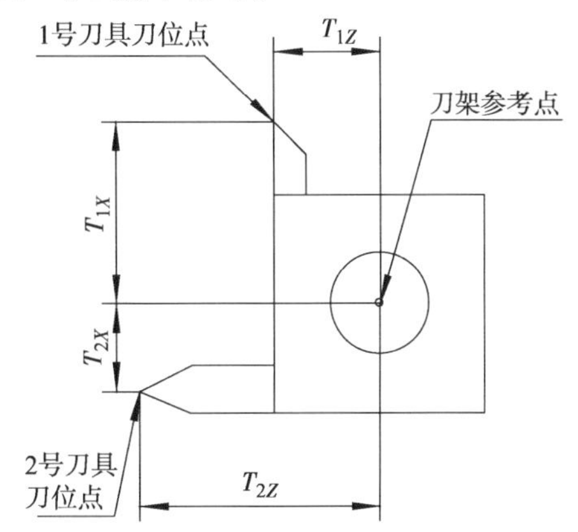

图 2-4　刀具刀位点与刀架参考点的关系

以 1 号车刀建立的编程坐标系在刀具自动更换后，再继续加工就可能出现刀具与工件碰撞或刀具未达到理想进刀深度，甚至刀具根本没有与工件接触的现象。为避免出现这种情况，需要进行刀具位置补偿。刀具位置补偿就是数控系统在换刀后，对刀具的安装位置和刀具形状引起的刀位点位置变化进行的自动补偿。在 FANUC 系统中，刀具一般由四位数字组成，前两位表示刀号，后两位表示刀偏。例如，T0101 表示使用 1 号刀具和 1 号刀偏。

3）绝对刀偏法和相对刀偏法对刀

加工工件时，通常要使用多把刀具，将其中的一把常用的刀称为基准刀，把其他的刀称为非基准刀。根据非基准刀刀位点相对位置的不同，可以把刀位偏差分为绝对刀偏和相对刀偏。某一把的绝对刀偏是指该把刀的刀位点位于工件原点时，刀架参考点相对于机床零点在 X 和 Z 方向的偏差。而相对刀偏是指非基准刀的刀位点位于工件原点时，刀架参考点相对于基准刀的刀位点位于工件原点时刀架参考点在 X、Z 方向的偏差。根据所采用的刀位偏差的不同，对刀又可以分为绝对刀偏对刀法和相对刀偏对刀法。绝对刀偏法对刀的过程，实质上就是在某一把刀的刀位点与工件原点重合时，找出刀架参考点在机床坐标系中的坐标。相对刀偏法只为基准刀建立了一个工件坐标系，而非基准刀是根据其刀位偏差的正负，来确定它在对应的 X、Z 方向应比基准刀多走或少走一个刀位偏差，从而使长度不一样的刀具达到同一实际位置。

FANUC 系统有三种对刀方法可以将工件坐标系建立起来。

第一种方法是用 G54～G59 选择工件坐标系，从而将工件坐标系建立起来。这种方法是一种相对刀偏对刀法，它实际上是通过寻找工件原点在机床坐标系中的坐标，从而将基准刀的工件坐标系建立起来。可以把 G54～G59 看成是六个寄存器，对刀过程实质上就是一个寻找工件原点在机床坐标系中的坐标，并把这个坐标存在六个寄存器中的任意一个寄存器的过程。而调用 G54～G59 的过程，实质上就是从对应的寄存器中将工件原点在机床坐标系中的坐标取出来，并在该坐标对应的点上将工件坐标系建立起来的过程。

第二种方法是用 G50 来建立工件坐标系。这种方法对刀的实质是通过确定对刀点或起刀点（调用程序加工之前，刀具所在的位置点）在工件坐标系中的坐标，从而将工件坐标系建立起来。它的格式为：G50X _ Z _ ，其中 X _ Z _ 是对刀点或起刀点在工件坐标系中的坐标。这种对刀方法采用的也是一种相对刀偏法。

第三种方法是直接用 T 指令建立工件坐标系，它采用的是绝对刀偏法对刀，实质就是使某一把刀的刀位点与工件原点重合时，找出刀架的转塔中心在机床坐标系中的坐标，并把它存储到刀补寄存器中。

操作练习

1. 程序的输入方法（以 O0001 为例）

（1）将工作方式旋钮调至“EDIT”，选择编辑模式。

（2）按功能键 PROG，将程序锁打开。

（3）输入 O0001，按下 INSERT 键，按下 EOB 键，再按下 INSERT 键，显示 O0001；N10—。

（4）将程序内容输入即可，每输入一行都按 EOB 键。

（5）输入内容过程中，在输入行字的删除用 CAN 键，已完成输入的字的删除用 DELETE 键。

2. 手动车削简单轴类工件

练习手动车削简单轴类工件（图 2-5）。

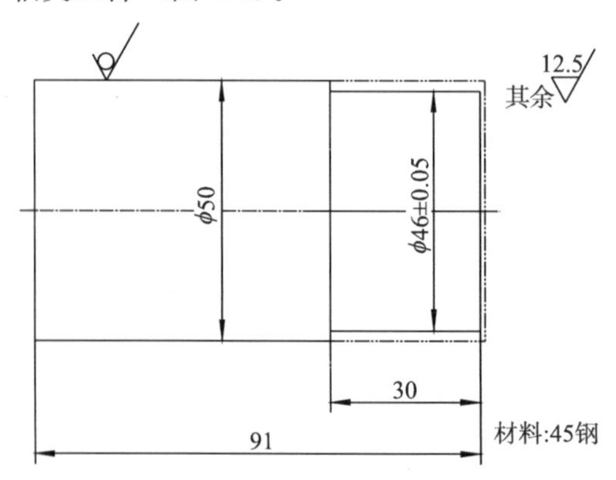

图 2-5　手动车削零件加工任务图

学习引导

如图 2-5 所示，用直径 50mm 的毛坯料，车削一段 30mm 长的台阶轴。内容较简单，其参考步骤如下。

（1）对刀（90°外圆车刀）。

（2）选择手轮方式，按下主轴正转按钮（转速 700r/min）。

（3）按 POS（位置）键，并按屏幕下方软键综合。

（4）选择增量步长“×100”，合理选择进给轴，用手摇轮将刀具靠近工件。

（5）选择增量步长“×10”，将刀具移动至点（51，1）处。

（6）选择 X 轴方向手轮进给，将刀具移至点（48，1）处。

（7）选择 Z 轴方向手轮进给，切削至点（48，－30）。

（8）选择 X 轴方向手轮进给，切削退刀至点（51，－30）处。

（9）选择 Z 轴方向手轮进给，并选增量步长“×100”，手摇快退至点（51，1）处。

（10）同样方式完成对ϕ46 处外圆表面的切削。

巩固提高

1. 简述数控编程的分类。

2. 谈谈你对数控编程的认识。

3. 要编好一个零件的加工程序，你需要做好哪些准备工作？

4. 说说程序输入的步骤。

5. CAN 键和 DELETE 键有什么区别？

6. 请写出手动加工图 2-6 所示零件的步骤。

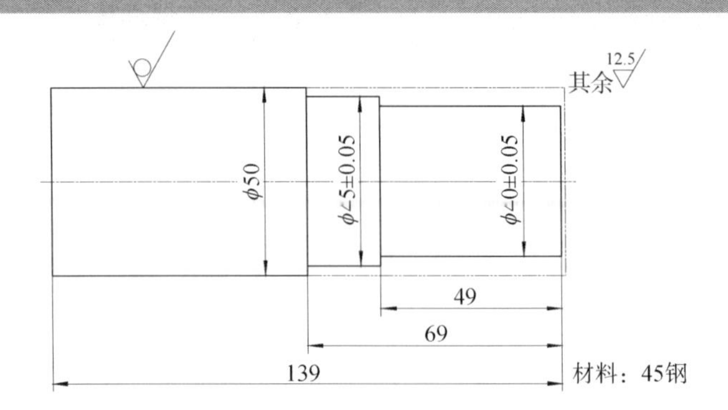

图 2-6　手动车削零件练习图（45 钢，φ50×145）

评价与分析

表 2-1　手动操作练习件（图 2-6）评分表

班级　　姓名　　工件编号　　得分

检查项目	序号	技术要求	配分/分	评分标准	检测记录	得分/分
工件加工	1	外形正确	10	不正确全扣		
	2	坐标点正确	10	错一处扣 2 分		
	3	表面质量均匀一致	10	一处不一致扣 2 分		
	4	尺寸正确	10	每超 0.01mm 扣 2 分		
机床操作	5	对刀步骤正确	10	每错一处扣 5 分		
	6	进给方向无差错	5	错一处扣 2 分		
	7	增量进给倍率选择正确	5	错一处扣 2 分		
	8	工作方式选择正确	5	错一处扣 2 分		
	9	功能键选择正确	5	错一处扣 2 分		
文明生产	10	遵守安全操作规程	15	违反全扣		
	11	维护保养符合要求	5	不符合全扣		
	12	工作场所整理达标	10	一处不达标扣 2 分		

项目二　简单零件加工

任务三　简单轴类零件加工（一）

学习目标

能够了解数控系统常用功能及编程基本思路。

能够掌握G00、G01指令的用法。

能够掌握自动加工操作要点。

相关知识

1. 数控系统常用功能

数控系统常用功能有准备功能、辅助功能和其他功能三种。

（1）准备功能是完成某些准备动作的指令，用来指令机床动作的方式，又称G功能，由地址符G和后面的两位数字组成。主要规定刀具和工件的相对运动轨迹、机床坐标系、坐标平面、刀具补偿、坐标偏置等多种加工操作。

（2）辅助功能又称M功能，主要用来控制机床或系统的各种辅助动作，与数控系统的插补运算无关，如主轴的正反转、切削液的开关、工作台的转位、运动部件的锁紧与松开、程序的暂停、结束等，由地址符M和后面的两位数字组成。

（3）其他功能。

①坐标功能又称尺寸功能，用来设定机床各坐标轴的位移量，一般用X、Y、Z、U、V、W、P、Q、R、A、B、C、D、E、I、J、K等地址符及后面跟的数字来表示。

②刀具功能亦称T功能，指系统选择刀具的指令，FANUC系统用地址符T加四位数字表示，前两位数字表示刀具号码，后两位数字表示刀具偏置号。如T0201表示选择2号刀具及选1号刀偏值。

③进给功能用来指定刀具相对于工件运动速度，由地址符F和后面数字组成，用G98指定分进给，用G99指定转进给。例如，“G98 F200”表示刀具的进给速度为200mm/min，“G99 F0.3”表示主轴每转一转刀具进给0.3mm。

④主轴功能控制主轴转速的功能，又称为S功能，由S及后面的一组数字组成。用G96指定恒线速的线速度（m/min），用G97指定转速（r/min），机床默认值为G97。例如，“S1000”表示主轴转速为1000r/min，“G96 S100；G50 S5000”表示刀位点处的线速度为100m/min，且最高转速不能超过5000r/min。主轴的正转、反转、停止分别用

M03、M04、M05 进行控制。

（4）常用功能指令的属性。

①指令分组就是将系统中不能同时执行的指令分为一组，在一个程序段中出现两个或两个以上同组指令时，只执行最后的指令，对每组指令，系统都选取一个作为开机默认指令。常见的开机默认指令有 G01、G18、G40、G54、G99、G97 等。

②模态指令表示该指令一经指定，就持续有效直到出现同组的另一个指令，常见的有 G00、G01、G03、F、S、T、X、Z 等。而仅在编入的程序段内有效的指令称为非模态指令，如 G04、M00 等。

2. 指令解析

1）快速点定位指令 G00

（1）格式 G00X _ Z _；X _ 、Z _ 为目标点坐标值，该指令表示刀具从当前位置快速移动到目标位置。在实际操作时，可以通过参数设置 G00 的速度，还可以通过机床上的按钮“F0”“F25”“F50”“F100”对其移动速度进行调节。

（2）运行轨迹。通过参数可设定为直线或折线，通常为折线，即先在 *X* 轴和 *Z* 轴移动相同增量，而后再移动距离较长轴的剩余量，如图 3-1 所示。

刀具的初始位置在 *O* 点，当其执行“G00 X300 Z200”时，刀具由 *O* 点快速移动到 *B* 点，再由 *B* 点快速移动到 *A* 点。在编程过程中，一定要特别注意 G00 指令的运行轨迹，要清楚刀具相对于工件、夹具所处的位置，以避免在进、退刀过程中刀具与工件、夹具等发生碰撞。

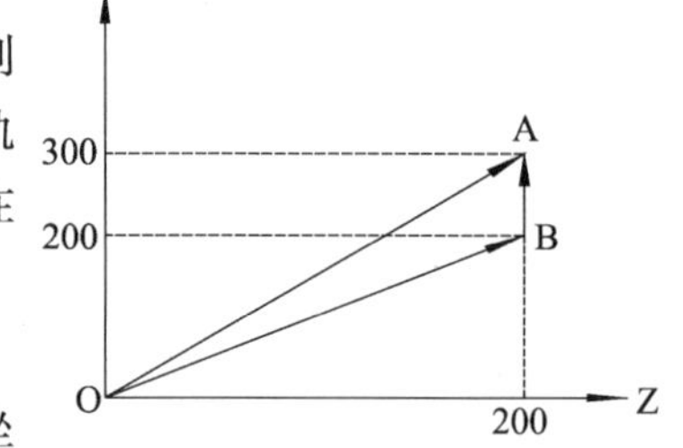

图 3-1　G00 指令运行轨迹

2）直线插补指令 G01

（1）格式 G01X _ Z _ F _；X _ 、Z _ 为刀具目标点坐标值，F 为进给速度。该指令表示刀具从当前位置切削加工到目标位置。

（2）运行轨迹。由起点（当前点）到终点（目标点）的一条直线，常用来加工圆柱面、圆锥面、阶台、槽、倒角等，图 3-1 中如果用“G01X300Z200 F100”，则运行轨迹是以 100mm/min 的速度从 *O* 点切削加工至 *A* 点，即 *O*→*A*。

3. FANUC 系统的三种对刀方式

1）T 指令对刀

就是项目一中所讲述的对刀方式。

2）G54～G59 对刀

（1）基准刀的对刀（以 G55 为例）。

①手动切削端面。

②沿 *X* 轴移刀具但不改变 *Z* 坐标，然后停止主轴。

③按下功能键 OFFSET/SETING。

④按下软键［坐标系］，显示工件原点偏置的设定画面。

⑤将光标定位在所需设定的工件原点偏置 G55 上。

⑥按下所设定偏置的轴的地址键 *Z*，输入 0，然后按下［测量］，工件原点在机床坐标系中的 *Z* 坐标就存储在 G55 的 Z 存储单元。

⑦手动切削外圆。

⑧沿 Z 轴移动刀具但不改变 X 坐标，然后主轴停止。

⑨测量外圆直径 D，然后输入直径 XD，按下［测量］，工件原点在机床坐标系中的 X 坐标就存储在 G55 的 X 存储单元。

（2）非基准刀的对刀。

①验证完第一把刀后，暂时不要将第一把刀移开，先将相对坐标清零，其操作如下：按功能键 POS，按软键［相对］，按软键［操作］，按软键［归零］，按软键［所有轴］，所有轴的相对坐标均复位为 0。

②移动第二把刀的刀位点到第一把刀的位置。

③按功能键 POS，再按软键［相对］，记下 X、Z 轴的相对坐标值，该值即非基准刀相对于基准刀在 X、Z 方向的刀偏值。

3）G50 对刀

（1）基准刀的对刀。

①用外圆车刀先试切一段外圆，按功能键 POS，按软键［绝对］，当未显示［预置］时，按菜单继续键＞，按软键［预置］，输入 X0，按软键［执行］。

②主轴停转后，测量工件外圆，然后选择“MDI”模式，输入 G01 U－××（××为测量直径）F0.3，切端面到中心。

③选择 MDI 模式，输入 G50 X0 Z0，启动键，把当前点设为零点。

④选择 MDI 模式，输入 G0 X150 Z150 ，使刀具离开工件。

⑤这时程序开头：G50 X150 Z150 ……

⑥注意：用 G50 X150 Z150，程序起点和终点必须一致，即 X150 Z150，这样才能保证重复加工不乱刀。

（2）非基准刀的对刀用 G50 对刀，其非基准刀的对法与 G54 的对法相同。

对刀方法的选择在数控加工中非常重要，在实际加工中应根据不同的加工要求和编程方法进行恰当的选用。G50 指令是根据刀具当前所在位置，即起刀点来设定工件坐标系的，在加工中受断电或手动回零点及起刀点位置的影响，用 G50 对刀时，应注意加工前使刀具回到工件坐标系设定的起刀点位置，否则执行程序时，由于工件坐标原点的位置产生移动，可能导致工件报废，甚至造成严重事故。利用 G54～G59 设定工件坐标系后，工件坐标系原点在机床坐标系中的位置不变，它与刀具的当前位置无关。一旦刀偏值被输入，一直有效。对于用同一夹具加工同批工件时，只对第一件工件对刀即可，且用该指令建立工件坐标系一次可同时对 6 把刀或一次装夹可加工 6 个工件，自动化程度高。T 指令对刀是三种对刀方法中最简单、最快捷的一种方法，利用它建立的工件坐标系的原点在机床坐标系的位置也是不变的，且与刀具的当前位置无关。利用 G54～G59 和 T 指令对刀时，应注意在建立工件坐标系之前，首先机床各轴需回一次零点。

知识回顾

车削外圆与端面工艺方法

1. 外圆车削工艺要求

外圆车削，分为粗车、半精车、精车三个过程。粗车时对零件表面质量及尺寸没有严格的要求，只需尽快去除各表面多余的部分，同时给各表面留出一定的精车余量即可，一般在车床动力条件允许的情况下，采用吃刀深、进给量大、较低转速的做法，对车刀的要求主要是有足够的强度、刚性和寿命。精车是车削的末道工序，目的是使工件获得准确的尺寸和规定的表面粗糙度，对车刀的要求主要是锋利，切削刃平直光洁，切削时必须使切屑排向工件待加工表面。

2. 端面车削工艺要求

用右偏刀（90°）车削端面时，切削深度不能过大。在通常情况下，是使用右偏刀的副切削刃对工件端面进行切削的，当切削深度过大时，向床头方向的切削力（ *F* ）会使车刀扎入端面而产生凹面，如图 3-2 所示。

主偏角不能小于 90°，否则会使端面的平面度超差或者在车削阶台端面时造成阶台端面与工件轴线不垂直的现象，通常在车削端面时，右偏刀的主偏角应在 90°～93°范围内。

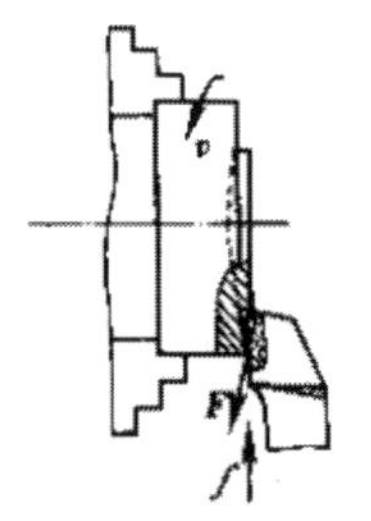

图 3-2　用右偏刀车削端面向中心走刀时产生凹面

3. 车削外圆与端面时对车刀安装的工艺要求

车削外圆车刀与车削端面时车刀的安装要求和方法基本相同，车刀安装得是否正确，将直接影响切削能否顺利进行和工件的加工质量。即使刃磨合理的车刀，如果安装得不正确，也会改变车刀工作时的实际角度。因此车刀安装后，必须保证做到：

（1）车刀的伸出长度不宜过长，否则在切削过程中会减弱刀杆的刚性，容易产生振动，影响工件的表面粗糙度，严重时会损坏车刀。通常车削外圆时，在不影响切削和观察的情况下，尽量缩短车刀伸出刀架部分的长度，一般为刀杆厚度的 1.5 倍左右为宜。

（2）车刀下面的垫片数量不宜过多，否则易使车刀在加工中产生振动。通常在保证车刀高度的情况下，尽量减少垫片数量，且垫片要平整，并应与刀架前端对齐，以防止车刀产生振动。

（3）压紧车刀用的螺钉不可少于两个，否则在车削过程中易使车刀移动，从而影响工件的加工，因此，为确保车刀装夹的可靠，车刀至少要用两个螺钉压紧在刀架上，并轮流逐个拧紧。

（4）车刀的刀尖不宜高于或低于工件的回转中心，否则由于切削平面和基面的位置发生变化，车刀工作时的前角和后角数值发生改变。若刀尖装得高于回转中心［图 3-3（a）］，会使后角减小，增大了车刀后面和工件加工表面之间的摩擦，使工件表面产生硬化现象，并降低了表面质量；若刀尖装得低于工件回转中心［图 3-3（b）］，会使前角减小，切削力增大，导致切削不顺畅。通常，车削外圆时，刀尖一般应与工件轴线等高［图 3-3（c）］。

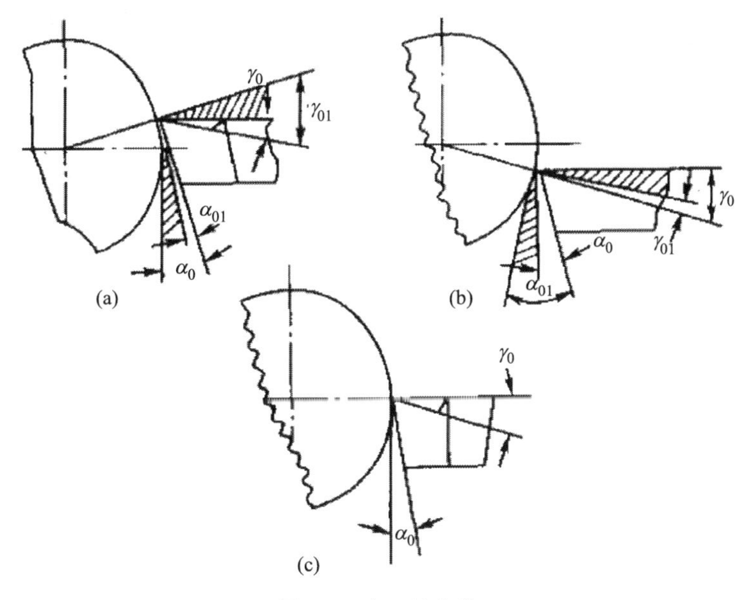

图 3-3　车刀的安装

(a) 太高；(b) 太低；(c) 正确

车削端面时，特别要严格保证车刀的刀尖对准工件的旋转中心，以防车削后的工件端面中心处留有凸头，甚至车刀车到中心处时会使刀尖崩碎（图 3-4）。

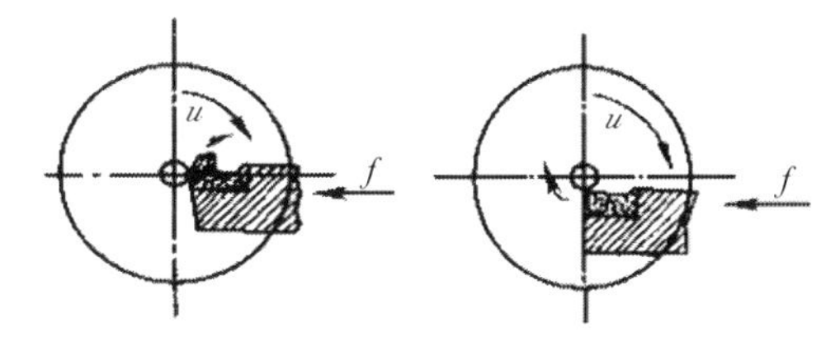

图 3-4　车刀刀尖不对准工件的旋转中心使车刀崩碎

（5）刀杆不能歪斜，否则会使车刀的主偏角和副偏角发生变化。其原因在于：当车刀的角度一定时，若主偏角增大，会使副偏角减小，加剧副切削力与工件已加工表面之间的摩擦，容易引起振动，使工件表面产生振纹；若主偏角减小，则副偏角增大，会使车刀的主偏角和副偏角发生变化而影响工件的表面粗糙度，降低表面质量。同时由于主偏角减小，径向切削力增大，当工件刚性较差时，易产生弯曲变形。因此，安装车刀时应使刀杆中心线与主轴轴线垂直。

4. 车削外圆与端面时工件安装的工艺要求

车削外圆与端面时，工件一般采用三爪自定心卡盘安装。工件安装在卡盘上，必须校正平面和外圆，两者必须同时兼顾。尤其是在加工余量较少的情况下，应着重注意校正余量少的部分，否则会使毛坯车不到规定的尺寸而产生废品。为了防止车削时因工件变形和振动而影响加工质量，工件在三爪自定心卡盘中装夹时，若工件直径≤30mm，其悬伸长度不应大于直径的 3 倍；若工件直径＞30mm，其悬伸长度不应大于直径的 4 倍，且应夹紧，避免工件被车刀顶弯、顶落而造成打刀事故。

工作任务

完成图 3-5 所示零件的加工。

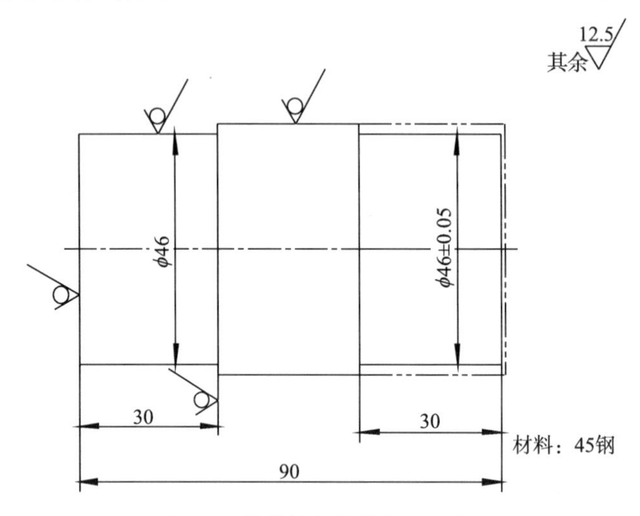

图 3-5　简单编程零件加工任务图

任务准备

（1）分析图样。如图 3-5 所示，工件要求简单，模仿任务二中手动加工的路线、切削用量编程即可。

（2）程序示例：

```
O0010
N10   T0101
N20   G00   X47   Z1   M03   S700      主轴正转 700r/min，快速定位到起点
N30   G01   Z-30   F200               沿 Z 向切削加工到终点
N40   X51                              X 向切削退刀
N50   G00                              Z1 快退回端面
N60   G00   X46   S1500                快速定位到起点
N70   G01   Z-30   F80                沿 Z 向切削加工到终点
N80   X51                              X 向切削退刀
N90   G00   X100   Z100
N100   M30                             程序结束
```

任务实施

（1）程序输入与校验。学生输入程序后，开始对刀，结束后由老师校验对刀结果及程序的正确性。

（2）自动加工。

①转动工作方式旋钮，选择编辑方式，按下PROG键，输入O0001，按检索软键，调出该程序。

②选择自动模式“AUTO”，按软键检测。

③选择单步，调整快速进给倍率到F_0。

④按“循环启动”按钮，换刀，主轴正转，当刀尖距工件右端面约10mm时，按“进给保持”按钮，观察刀尖位置与坐标显示的一致性。

⑤如有错误，重新检查对刀程序，如无错误，则关上机床防护门，逐段开始加工。

⑥每段按一次“循环启动”按钮，而后将手放在“进给保持”按钮上，如有异常，马上按下去，如有危险情况，可按“急停”按钮。

任务测评

检查对刀的熟练程度，自动加工步骤的正确性，检测尺寸公差并分析原因。

巩固提高

1. 什么是准备功能和辅助功能？

2. “G96 S150 ；G50　S3000 ”表示什么含义？

3. 简述自动加工的步骤。

4. 假设刀具位于A（50，100）点，执行G00和G01指令到B（200，200）点，分别画出两个指令运行的轨迹。

5. 编制图3-6所示零件的加工程序（任务二中练习掉头）。

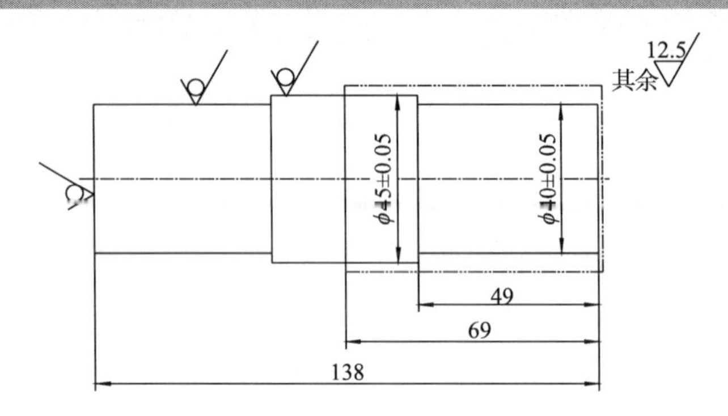

图 3-6　简单轴类零件编程加工练习图

表 3-1　图 3-6 所示简单轴类零件编程加工练习件评分表

班级		姓名		工件编号	得分		

检查项目	序号	技术要求	配分/分	评分标准	检测记录	得分/分
工件加工	1	ϕ45 外圆尺寸正确	5	每超 0.01mm 扣 2 分		
	2	ϕ40 外圆尺寸正确	5			
	3	49 长度尺寸正确	5	每超 0.1mm 扣 2 分		
	4	69 长度尺寸正确	5			
	5	表面粗糙度合格	5	一处不合格扣 3 分		
	6	外形正确	5	不正确全扣		
程序编制	7	程序内容、格式正确	20	错一处扣 2 分		
	8	加工工艺合理	10	一处不合理扣 5 分		
机床操作	9	对刀操作正确	10	每错一处扣 5 分		
	10	面板操作正确	10	每错一处扣 2 分		
文明生产	11	遵守安全操作规程	10	违反全扣		
	12	维护保养符合要求	5	不符合全扣		
	13	工作场所整理达标	5	一处不达标扣 2 分		

任务四　简单轴类零件加工（二）

学习目标

能够进一步理解简单轴类零件的编程方法。
能够掌握程序的修改方法。
能够掌握几个常用指令（M00、M08、M30、G96）的用法。

相关知识

1. 部分按键功能介绍

（1）MDI 键盘的结构如图 4-1 所示。

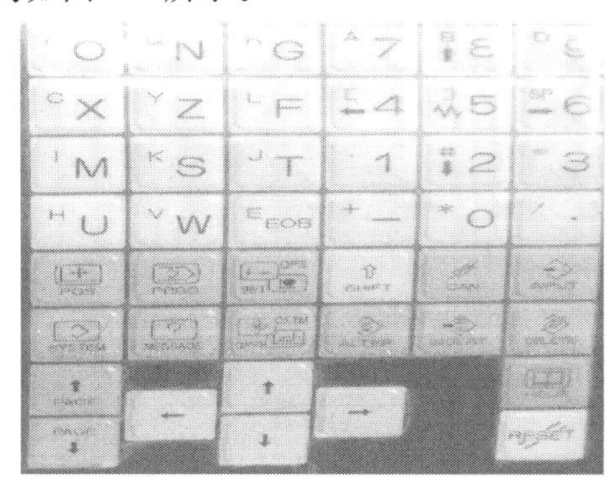

图 4-1　MDI 键盘的结构

（2）数控系统 MDI 键盘说明见表 4-1。

表 4-1　数控系统 MDI 键盘说明

序号	按钮	名称	说　明
1		复位键	按此键可使 CNC 复位
2		帮助键	按此键用来显示如何操作机床，如 MDI 键的操作。可在 CNC 发生报警时提供报警的详细信息
3		软键	根据使用场合，软键有各种功能。软键功能显示在 LCD 屏幕的底部
4		地址和数字键	按这些键可以输入字母、数字以及其他字符
5		换挡键	在地址/数字键上有两个字符，按此键用来选择字符，当特殊字符 E 在屏幕上显示时，表示键的右下角的字符可以输入

续表

序号	按钮	名称	说　明
6	INPUT	输入键	当按下地址键或数字键后，数据被输入到缓存器，并在LCD屏幕上显示出来，为了把键入到输入缓存器中的数据复制到寄存器中，按（INPUT）键
7	CAN	取消键	按此键可删除已输入到键的输入缓存器的最后一个字符
8	↑ ← → ↓	编辑键	当编辑程序按这些键： ALTER 替换 INSERT 插入 DELETE 删除
9		功能键	按这些键可以切换各种功能显示画面，已介绍过
10	↑ ← → ↓	光标 移动键	这是四个不同的移动键： → 按这个键是用于键光标朝右或前进方向移动。在前进方向光标按一段的单位移动 ← 按这个键是用于键光标朝左或倒退方向移动。在倒退方向光标按一段的单位移动 ↓ 按这个键是用于键光标朝下或前进方向移动。在前进方向光标按一段大尺寸单位移动 ↑ 按这个键是用于键光标朝上或倒退方向移动。在倒退方向光标按一段大尺寸单位移动
11	↑PAGE PAGE↓	翻页键	这两个翻页键的说明如下： PAGE↓ 这个键用于在屏幕上朝后翻一页 ↑PAGE 这个键用于在屏幕上朝前翻一页

2. 指令解析

（1）M00程序停止，执行M00后，机床所有动作被切断，重新按循环启动按钮后，接着执行M00以后的程序，这个指令主要用在加工过程中进行某些手动操作，如精度检测等。

（2）M01 程序选择停止，与 M00 相似，不同的是只有按下机床控制面板上的“选择停止”键，该指令才被执行，该指令常用于检查某些关键尺寸。

（3）M08（09）切削液开启（关闭）指令。

（4）M30 程序结束，同时关闭主轴、切削液等机床所有动作，并取消刀偏、刀尖圆弧半径补偿等，系统返回机床坐标系，机床显示屏上的执行光标返回程序开头，等待下一步的指令。

（5）G96 恒线速控制，在加工某些非圆柱体表面时，为保证工件表面各处的线速度保持恒定，机床自动实时调整转速，这种功能称为恒线速功能，用 G96 来指定，单位为 m/min，如“G96　S100；G50 S5000；”表示主轴恒线速度为 100m/min，但最高转速不能超过 5000r/min。

3. 数控车床常用刀具

数控加工对刀具提出了更高的要求，不仅需要刚性好、精度高，而且要求尺寸稳定，耐用度高，断屑和排屑性能好，安装调整方便，用来满足数控机床高效率的要求。

数控车床也可以用普通车床的刀具，如高速钢、硬质合金、涂层刀具等。

（1）高速钢刀具是一种含钨（W）、钼（Mo）、铬（Cr）、钒（V）等合金元素较多的工具钢刀具，它具有较好的力学性能和良好的工艺性，可以承受较大的切削力和冲击。但其耐热较差，只适于低速切削。

（2）硬质合金刀具硬度、耐磨性、耐热性都明显提高，适于较高的切削速度。

①钨钴类（YG）。WC＋Co，强度好，硬度和耐磨性较差，用于加工脆性材料、有色金属和非金属材料。常用牌号有 YG3、YG6、YG8、YG6X。数字表示 Co 的百分含量，Co 多韧性好，用于粗加工；Co 少用于精加工。

②钨钛钴类（YT）。TiC＋WC＋Co 类（YT）：常用牌号有 YT5、YT14、YT15、YT30 等。此类硬质合金硬度、耐磨性、耐热性都明显提高，但韧性、抗冲击振动性差，主要用于加工钢料，不宜加工脆性材料。含 TiC 量多，含 Co 量少，耐磨性好，适合精加工；含 TiC 量少，含 Co 量多，承受冲击性能好，适合粗加工。

③钨钛钽（铌）钴类（YW）。添加 TaC 或 NbC，提高高温硬度、强度、耐磨性。用于加工难切削材料和断续切削。常用牌号有 YW1、YW2。

（3）涂层刀具是在刀具基体材料上涂一薄层耐磨性高的难熔金属化合物而得到的刀具，可兼有前两种刀具的优点。常用涂层材料有 TiN、TiC、Al_2O_3。

（4）陶瓷刀具材料硬度、耐热性和耐磨性高于硬质合金，不粘刀，脆性大，易崩刃，主要用于切削 45～55HRC 的工具钢和淬火钢，也可对铸铁、淬硬钢进行精加工和半精加工。

（5）超硬材料刀具是金刚石和立方氮化硼刀具的统称，用于超精加工和硬脆材料加工。

在数控车削中，可以使用普通车床用的焊接车刀，但应用最广泛的还是机夹可转位刀具，它是提高数控加工生产率、保证产品质量的重要手段。可转位车刀仍为方形刀体或圆柱刀杆，其结构如图 4-2 所示，刀片的安装和更换都比较方便。可转位车刀刀片种类繁多，使用最广的是菱形刀片，其次是三角形刀片、圆形刀片及切槽刀片。菱形刀片按其菱形锐角不同有 80°、55°和 35°三类。80° 菱形刀片刀尖角大小适中，刀片既有较好的强度、散热性和耐用度，又能装配成主偏角略大于 90°的刀具，用于端面、外圆、内孔、台阶的加工。同时，这种刀片的可夹固性好，可用刀片底面及非切削位置上的 80°刀尖角的相邻两侧面定位，定位方式可靠，且刀尖位置精度仅与刀片本身的外形尺寸精度相关，转位精度较高，适合数控车削。35°菱形刀片因刀尖角小，干涉现象少，多用于车削工件的复杂型面或开挖沟槽。数控车刀的组件可转位刀片的国家标准采用了 ISO 国际标准，并在国际标准规定的九位号码之后，再加一个字母和一位数字表示刀片断屑槽的形式、宽度（图 4-3）。常用数控可转位车刀刀片如图 4-4 所示。

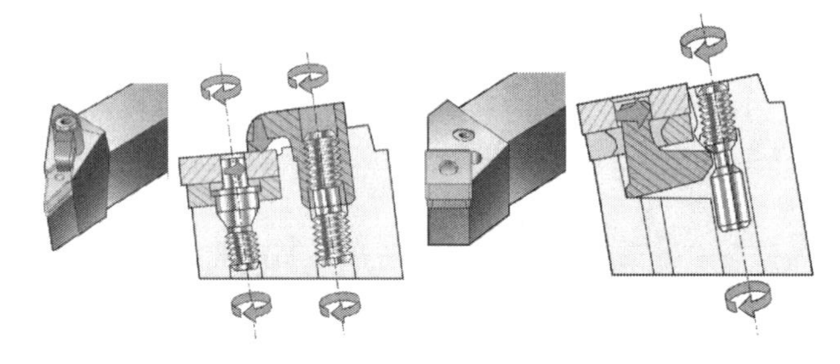

图 4-2　常见数控车刀的结构

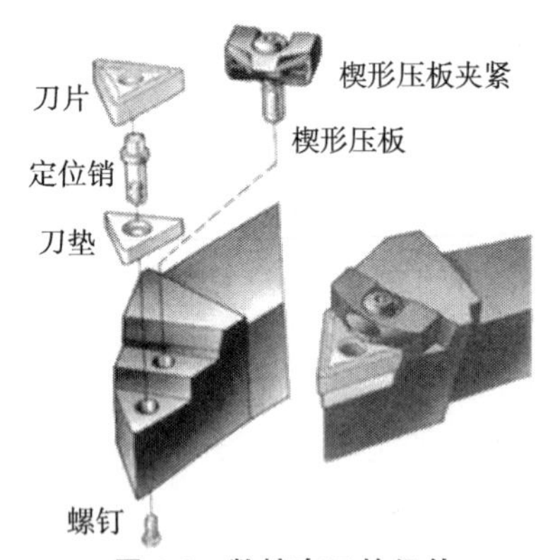

图 4-3　数控车刀的组件

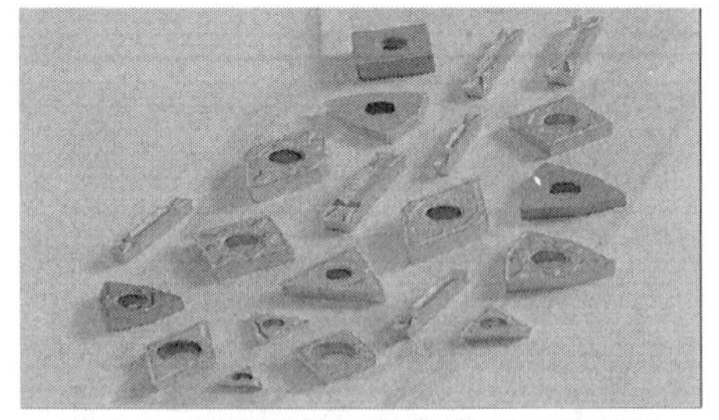

图 4-4　常用数控可转位车刀刀片展示

按照规定，任何一个型号的刀片都必须用前七个号位，后三个号位在必要时才用。但对于车刀来说，第十号位属于标准要求标注的部分。刀片型号及表示的含义如图 4-5 所示。

刀具磨损的补偿

当刀具使用一段时间后，加工出的零件实际尺寸与编程尺寸产生偏差或者在精加工之前发现零件实际尺寸与编程尺寸存在偏差，都可以将这个偏差值直接输入 OFS/SET

的“磨耗”中对应位置，若实际测量值小于编程值，则输入值为正；反之为负。

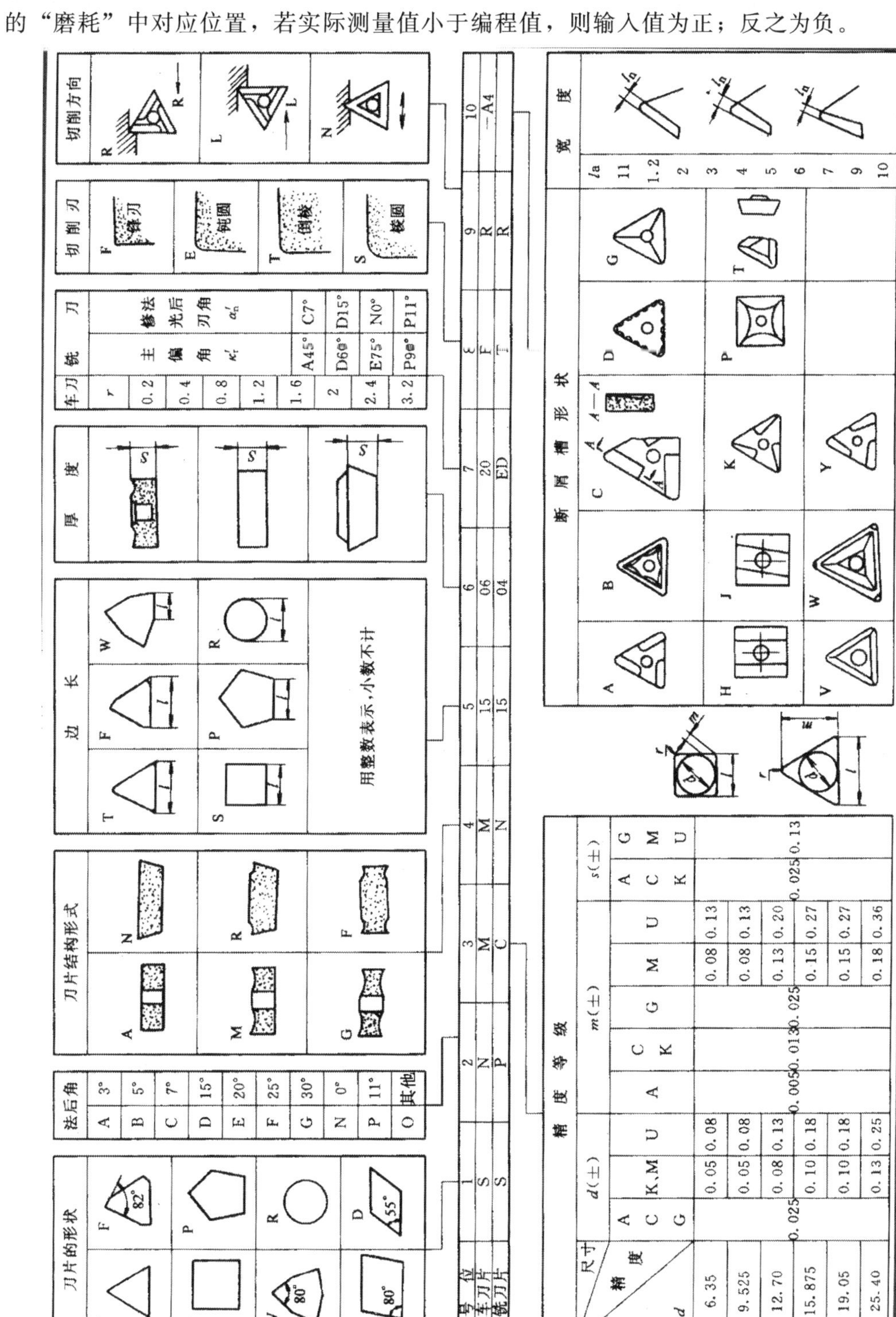

图 4-5　刀片型号及各参数的含义

学习引导

（1）删除程序。

①选择“EDIT”模式。

②按 PROG 键，输入程序号，如 O0001。

③按 DELETE 键，提示“是否真的要删除程序 O0001?”

④按软键执行，即可删除 O0001。

⑤如果要删除指定范围内程序，只要输入“OXXXX，OYYYY”，按 DELETE 键，再按下 执行 软键，即将内存储器中在“OXXXX，OYYYY”范围内所有程序删除。

⑥若要删除内存储器中所有程序，只要输入“O1，O9999”，按 DELETE 键，再按 执行 软键即可。

（2）删除程序段。

①选择“EDIT”模式。

②将光标移到将要删除的第一个程序段开头 N 处，按软键 继续，按下 选择 软键，移动光标，选定要删除的程序段，按软键 切取，即可将选定的程序段删除。

（3）程序字的操作。

①跳到程序开头选择“EDIT”模式，按下 RESET 键，光标将跳到程序开头。

②插入程序字在“EDIT”模式下，将光标移至要插入位置前的字，键入要插入的地址字和数据，按下 INSERT 键。

③字的替换，在“EDIT”模式下，将光标移至要被替换的字处，键入新字，按下 ALTER 键。

（4）在操作过程中出现报警，可按 RESET 键消除。

工作任务

完成图 4-6 所示零件的加工。

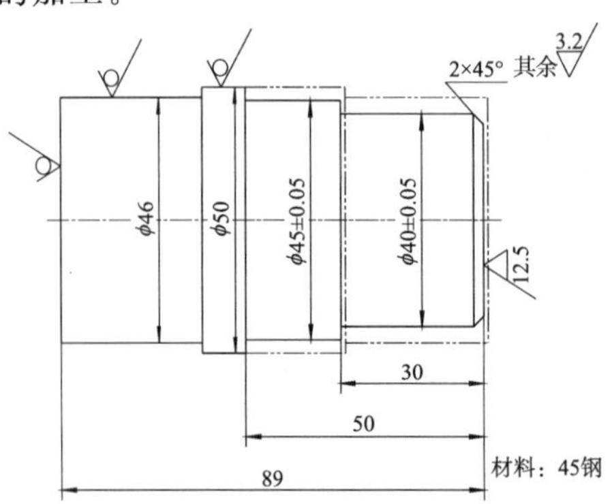

图 4-6 简单轴类零件加工任务图

任务准备

(1) 分析图样。由于粗糙度要求较高，需要精车才能达到要求，先粗车台阶轴，预留0.4mm余量，而后精车。

(2) 程序示例：

程序	说明
O0020	程序号
N10　T 0101	选择刀具
N20　M03　S700	主轴正转700r/min
N30　G00　X51　Z1	快速定位到起刀点
N40　G01　X47　F200	粗车ϕ45外圆
N50　Z−50	
N60　X51	
N70　G00　Z1	
N80　G01　X45.4	
N90　Z−50	
N100　X51	
N110　G00　Z1	
N120　G01　X42.5	粗车ϕ40外圆及倒角
N130　Z−30	
N140　X46	
N150　G00　Z1	
N160　G01　X34.4	
N170　X40.4　Z−2	
N180　Z−30	
N190　X46	
N200　G00　X100　Z100　M05	
N210　M00	检测尺寸并调整磨耗值
N220　T0101	
N230　G00　X34　Z1　M03　S1000	精车轮廓
N240　G01　X40　Z−2　F100	
N250　Z−30	
N260　X45	
N270　Z−50	
N280　X51	
N290　G00　X100　Z100	程序结束
N300　M30	

任务实施

程序校验、自动加工。

任务测评

分析零件加工质量及其原因。

巩固提高

1. M00 和 M01 两个指令有何不同？

2. 如何删除一个程序字、一个程序段、一个程序？

3. “INSERT” 和 “INPUT” 的用法有何不同？

4. M30 的功能有哪些？

5. 谈谈对粗、精加工的理解。

6. 编写图 4-7 所示零件的加工程序。

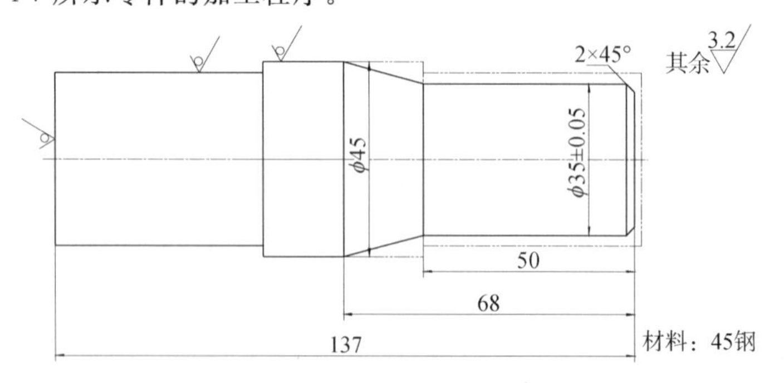

图 4-7　简单轴类零件加工编程练习图（任务三中练习件）

评价与分析

表 4-2　图 4-7 所示简单零件编程加工练习件评分表

班级		姓名		工件编号	得分		
检查项目	序号	技术要求		配分/分	评分标准	检测记录	得分/分
工件加工	1	ϕ35 外圆尺寸正确		5	每超 0.01mm 扣 2 分		
	2	ϕ45 外圆尺寸正确		5			
	3	2×45°倒角尺寸正确		5	不正确全扣		
	4	其他长度尺寸正确		5	错一处扣 2 分		
	5	表面粗糙度合格		5	一处不合格扣 3 分		
	6	外形正确		5	不正确全扣		
程序编制	7	程序内容、格式正确		20	错一处扣 2 分		
	8	加工工艺合理		10	一处不合理扣 5 分		
机床操作	9	对刀操作正确		10	每错一处扣 5 分		
	10	面板操作正确		10	每错一处扣 2 分		
文明生产	11	遵守安全操作规程		10	违反全扣		
	12	维护保养符合要求		5	不符合全扣		
	13	工作场所整理达标		5	一处不达标扣 2 分		

任务五　圆弧零件的加工

学习目标

能够了解圆弧类零件加工工艺。

能够掌握圆弧插补指令（G02/G03）用法。

能够掌握编程加工圆弧零件的方法。

相关知识

1. 圆弧插补指令（G02/G03）

(1) 格式　G02/G03　X _ Z _ R _ ;

G02/G03　X _ Z _ I _ K _ ;

G02 表示顺时针方向圆弧插补，G03 表示逆时针方向圆弧插补。

XV、Z _ 表示圆弧终点坐标，R 表示圆弧半径，圆心角小于 180°时，R 为正值，圆心角大于 180°时，R 为负值。

I _ 、K _ 为圆心相对于圆弧起点在 *X* 轴和 *Z* 轴方向的增量值（向量），由起点指向圆心，其中 I 为半径值。

（2）运行轨迹从起点到终点（X _ Z _ ）的一段圆弧。

2. 指令说明

（1）G02 和 G03 区别：在笛卡儿坐标系中，从垂直于圆弧所在平面的一根坐标轴的正方向向负方向看该圆弧，顺时针方向圆弧为 G02，逆时针方向圆弧为 G03，如图 5-1 所示。

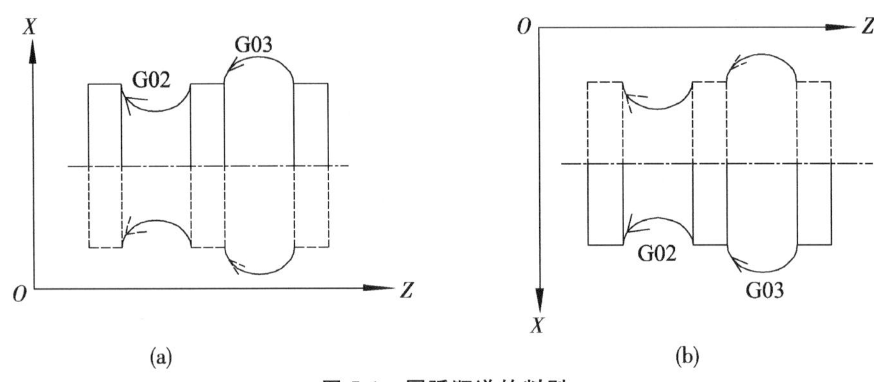

图 5-1 圆弧顺逆的判别

(a) 后置刀架，*Y* 轴向下；(b) 前置刀架，*Y* 轴向上

（2）圆弧半径的确定

如图 5-2 所示，圆心角 $\alpha \leqslant 180°$ 时，图中的圆弧 1，*R* 取正值；圆心角 $\alpha > 180°$ 时，图中的圆弧 2，*R* 取负值。

如图 5-3 所示，加工该零件外轮廓，编写精加工程序（表 5-1）。

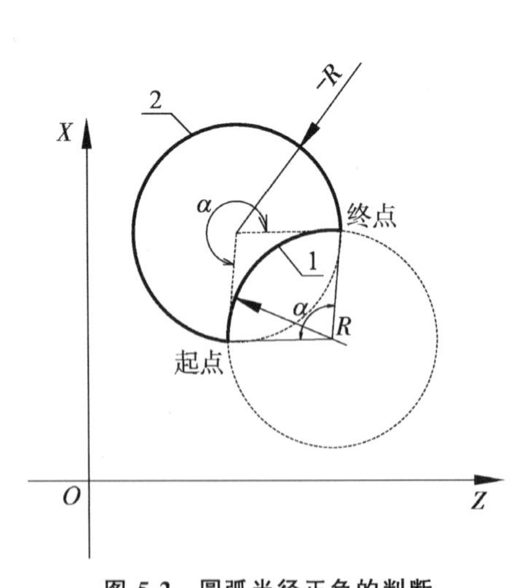

图 5-2 圆弧半径正负的判断

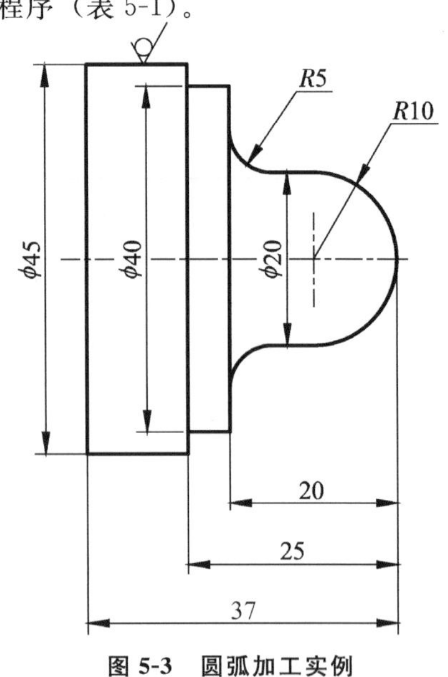

图 5-3 圆弧加工实例

表 5-1　精加工程序

程　　序	说　　明
O0001;	程序名
M03 S1000;	启动主轴，转速 1000r/min
T0101;	选择 1 号刀
G00 X0 Z2;	快速移动靠近工件
G01 Z0 F0.2;	定位至起点
G03 X20 Z−10R10 F0.08;	加工 $R10$ 凸圆弧
G01 Z−15 F0.08;	加工 $\phi20$ 外圆
G02 X30 Z−20 I10K0;	加工 R 圆弧
G01 X40;	加工端面至 $\phi40$
Z−25;	加工 $\phi40$ 外圆
X46;	退刀
G00 X100 Z100;	退刀至安全点
M30;	程序结束

知识连接

圆弧车削加工路线

应用 G02 或 G03 车削圆弧时，当切削深度较深时一刀就把圆弧加工出来，这样背吃刀量太大，容易扎刀。因此，实际车削圆弧时，需要多刀粗加工先切除较大的余量，再精车得到所需要的圆弧。

圆弧加工切除余量的方法主要有以下三种：

(1) 图 5-4 所示为采用同心圆法去除余量，即沿不同的半径圆来车削，最后将所需圆弧加工出来。此方法在确定了每次被吃刀量 a_p 后，对 90°圆弧的起点、终点坐标比较容易确定，数值计算简单，编程方便，因此常被采用。但图 5-4 (b) 所示路线加工时，空行程较长。

(2) 图 5-5 所示为车锥法切除余量，即先车一个圆锥，再车圆弧。但要注意车圆锥时起点和终点的确定，若确定不好，则可能损坏圆锥表面，也可能将余量留得过大。确定方法如图 5-5 所示，连接 OC 交圆弧与 D，过 D 点作圆弧的切线 AB。由几何关系可知：$CD=OC-OD=0.414R$，此为车锥时的最大切削余量，即车锥时的加工路线不能超过 AB 线。由图示关系，可得 $AC=BC=0.56R$。此方法数值计算比较烦琐，刀具切削线路较短。

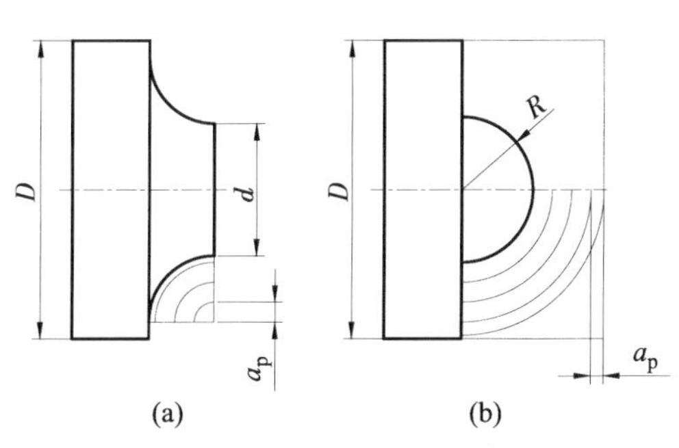

图 5-4　同心圆切削路线车削圆弧

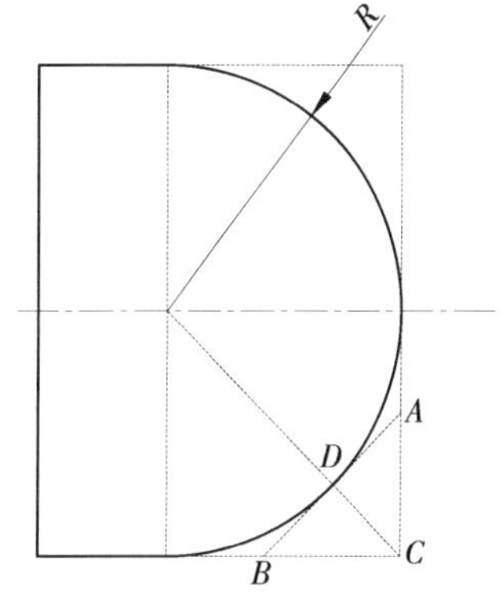

图 5-5　车锥法路线车削圆弧

（3）图 5-6 所示为圆弧平移法去除余量，即在加工圆弧时，根据圆弧总切削深度和被吃刀量综合考虑，将圆弧起点和终点同时向外平移，圆弧半径不变。此方法在加工时计算简单，但有空刀，图 5-6（a）所示为凹圆弧平移轨迹路线加工，图 5-6（b）所示为凸圆弧平移轨迹路线加工。

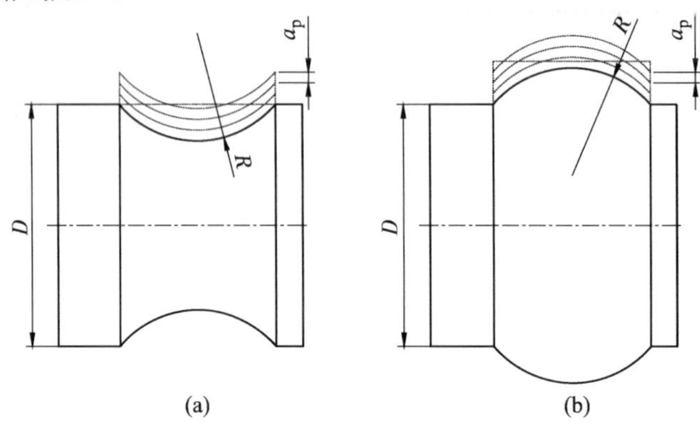

图 5-6　车削圆弧的平移轨迹路线图

工作任务

完成图 5-7 所示零件的加工。

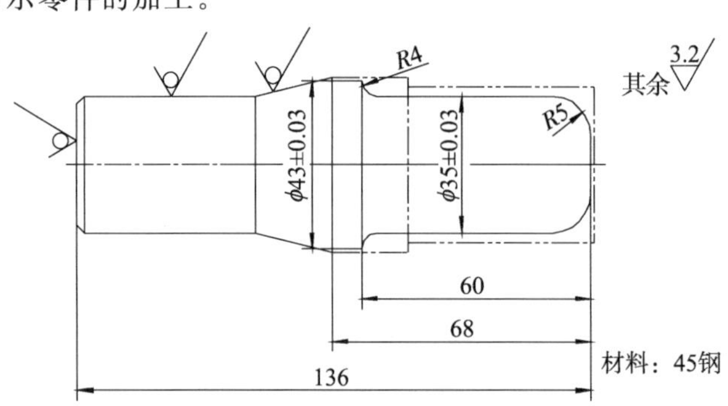

图 5-7　圆弧零件加工任务图

任务准备

编程示例：

```
O0030
N10   T0101
N20   G00   X41   Z1   M03   S700
N30   X38.3
N40   G01   Z—30   F200
N50   X43.3
N60   Z—49
N70   X51
N80   G00   Z1
```

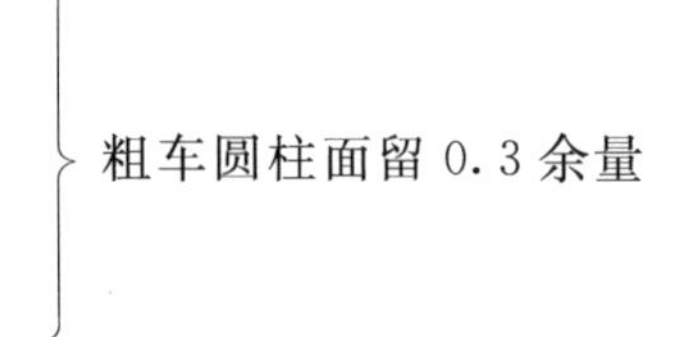

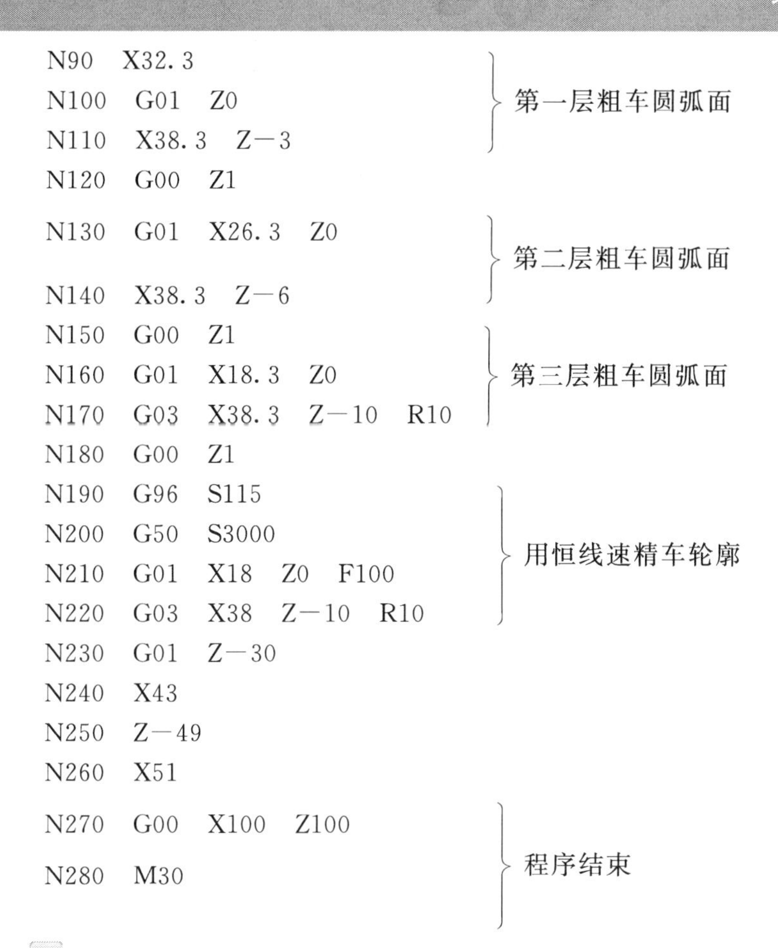

```
N90   X32.3                      ┐
N100  G01  Z0                    ├ 第一层粗车圆弧面
N110  X38.3  Z-3                 ┘
N120  G00  Z1
N130  G01  X26.3  Z0             ┐
                                 ├ 第二层粗车圆弧面
N140  X38.3  Z-6                 ┘
N150  G00  Z1                    ┐
N160  G01  X18.3  Z0             ├ 第三层粗车圆弧面
N170  G03  X38.3  Z-10  R10      ┘
N180  G00  Z1
N190  G96  S115                  ┐
N200  G50  S3000                 ├ 用恒线速精车轮廓
N210  G01  X18  Z0  F100         │
N220  G03  X38  Z-10  R10        ┘
N230  G01  Z-30
N240  X43
N250  Z-49
N260  X51
N270  G00  X100  Z100            ┐
                                 ├ 程序结束
N280  M30                        ┘
```

任务实施

程序校验、自动加工。

任务测评

分析零件加工质量及其原因（表 5-2）。

表 5-2　圆弧加工误差分析

问题现象	产生原因	预防和消除
切削过程出现干涉现象	刀具参数不正确 刀具安装不合理	正确编制程序 正确安装刀具

续表

问题现象	产生原因	预防和消除
圆弧尺寸 不符合要求	程序不正确 刀具磨损 没考虑刀尖圆弧半径补偿	正确编制程序 及时更换刀具 考虑刀尖圆弧半径补偿
圆弧凸凹不对	程序不正确	正确编制程序

巩固提高

1. G02 和 G03 指令是如何区别的？

2. 圆弧粗车的加工路线主要有哪些？各有什么优缺点？

3. 编制图 5-8 所示零件的加工程序。

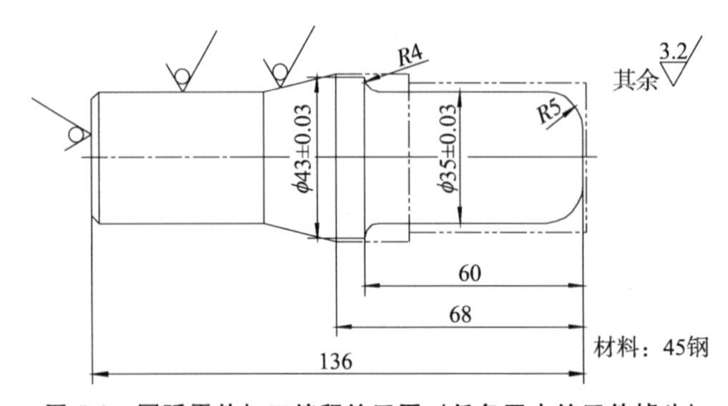

图 5-8　圆弧零件加工编程练习图（任务四中练习件掉头）

评价与分析

表 5-3　图 5-8 所示圆弧零件编程加工练习件评分表

班级　　　　　姓名　　　　　工件编号　　　　　得分

检查项目	序号	技术要求	配分/分	评分标准	检测记录	得分/分
工件加工	1	ϕ35 外圆尺寸正确	5	每超 0.01mm 扣 2 分		
	2	ϕ43 外圆尺寸正确	5			
	3	圆弧尺寸正确	5	不正确全扣		
	4	其他长度尺寸正确	5	错一处扣 2 分		
	5	表面粗糙度合格	5	一处不合格扣 3 分		
	6	外形正确	5	不正确全扣		
程序编制	7	程序内容、格式正确	20	错一处扣 2 分		
	8	加工工艺合理	10	一处不合理扣 5 分		
机床操作	9	对刀操作正确	10	每错一处扣 5 分		
	10	面板操作正确	10	每错一处扣 2 分		
文明生产	11	遵守安全操作规程	10	违反全扣		
	12	维护保养符合要求	5	不符合全扣		
	13	工作场所整理达标	5	一处不达标扣 2 分		

任务六　应用单一固定循环
加工简单轴类零件

学习目标

能够了解切削用量的选择方法。
能够掌握 G90 和 G94 指令的用法。
能够编程加工锥类零件，了解图形功能用法。

相关知识

1. 单一固定循环 G90

（1）指令格式　G90　X _ Z _ R _ F _ ；

X _ 、Z _ 为循环切削终点处的坐标；R 为圆锥切削起点的 X 坐标减去切削终点处 X 坐标值的 1/2。

（2）运行轨迹刀具从循环起点 A 开始，以 G0 速度沿径向移动至 B（X _ 或（X _ ＋ 2R））处，再以 G01 方式沿轴向切削至终点坐标 C 处，然后退至起点 X 坐标 D 处，最后以 G00 速度返回起点 A 处，如图 6-1 所示。

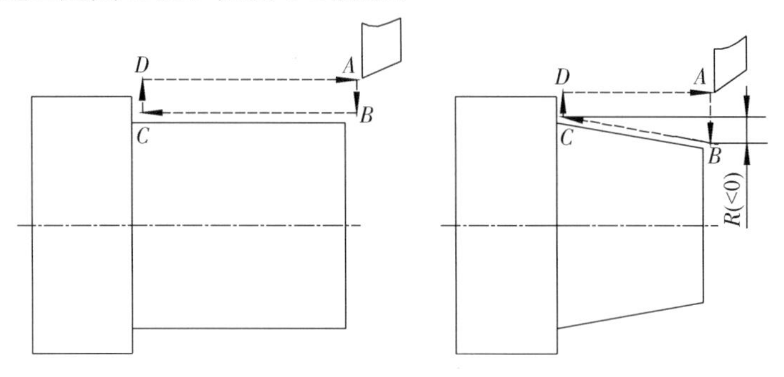

图 6-1　G90 单一固定循环运行轨迹

G90 指令将 AB、BC、CD、DA 四条直线插补指令组合成一条指令进行编辑，达到简化编程的目的。

R 值有正负之分，当切削起点处的半径小于切削终点处的半径时，R 值为负；反之为正。R 值的大小为实际的切削起点和终点的差，而非图纸标注的两 R 值之差。

2. 单一固定循环 G94

（1）指令格式　G94　X _ Z _ F _ ；

G94　X _ Z _ R _ F _ ；

X _ 、Z _ 、F _ 的含义同 G90；R _ 值为锥端面切削起点的 Z 坐标值减去其终点处的 Z 坐标值。

（2）运行轨迹刀具从起点 A 处开始以 G00 方式轴向快速到达指令中的 Z 坐标处（B 点），再以 G01 方式切削至终点 C 处，再轴向切削退回循环起点 Z 坐标值处（D 点），最后以 G00 方式径向快速返回起点 A 处，如图 6-2 所示。

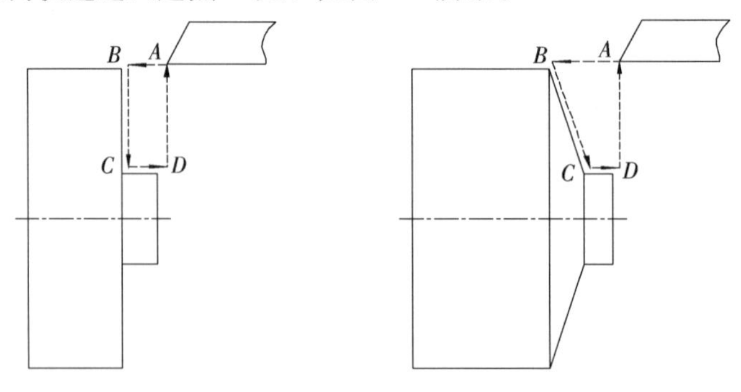

图 6-2　G94 单一固定循环运行轨迹

知识连接

工艺尺寸链

1. 工艺尺寸链的概念

在机器装配或零件加工过程中，互相联系且按一定顺序排列的封闭尺寸组合称为尺寸链。其中，由单个零件在加工过程中的各有关工艺尺寸组成的尺寸链，称为工艺尺寸链。

如图 6-3 所示，以表面 3 定位加工表面 1 而获得尺寸 A_1，然后以表面 1 为测量基准加工表面 2 而直接获得尺寸 A_2，于是该零件在加工时并未直接保证的自然形成的尺寸 A_0 就随之确定。这样，相互联系的尺寸 $A_1-A_2-A_0$ 就构成一个封闭尺寸组合，即工艺尺寸链。

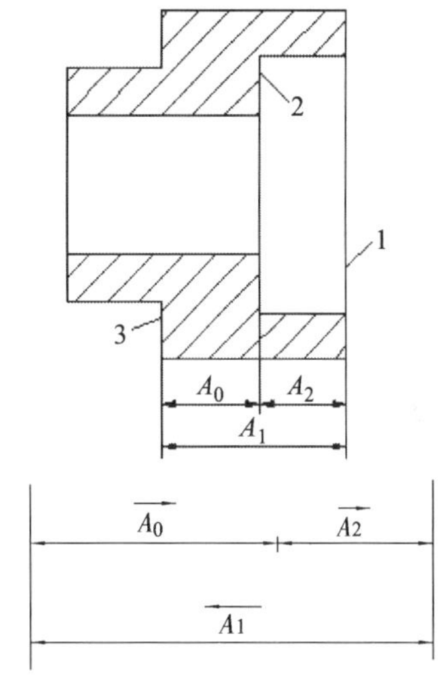

图 6-3　工艺寸链

2. 工艺尺寸链的特征

(1) 关联性。任何一个直接保证的尺寸及其精度的变化，必将影响间接保证的尺寸及其精度，如上例中尺寸 A_1 和 A_2 的变化都将引起尺寸 A_0 的变化。

(2) 封闭性。尺寸链中各个尺寸首尾相接组成一个封闭的尺寸组合，如上例中尺寸 A_1、A_2 和 A_0 的排列呈封闭性。

3. 工艺尺寸链的组成

把列入尺寸链中的每一个尺寸都称为尺寸链中的环，如上例中尺寸 A_1、A_2 和 A_0 都是工艺尺寸链的环。它们可以分为以下两种。

(1) 封闭环：在零件加工或机器装配过程中，最后自然形成的环，也就是工艺尺寸链中间接得到的尺寸，称为封闭环。一个尺寸链中只能有一个封闭环，如上例中尺寸 A_0。

(2) 组成环：尺寸链中除封闭环以外的其余各环均称为组成环。根据其对封闭环的影响不同，组成环又可分为增环和减环。

①增环：在其他组成环不变的条件下，当某个组成环增大时，封闭环亦随之增大，则该组成环称为增环。用字母上加“←”表示，如上例中尺寸 A_1。

②减环：在其他组成环不变的条件下，当某个组成环增大时，封闭环却随之减小，则该组成环称为减环。用字母上加“→”表示，如上例中尺寸 A_2。

(3) 增环和减环的简易判断。从尺寸链中任何一环出发，绕该链轮廓转一周，按该旋转方向给每个环标出箭头，凡是其箭头方向与封闭环相反的为增环，箭头方向与封闭环相同的为减环。如图 6-3 中的 A_2 与封闭环 A_0 的箭头方向相同，为减环；A_1 的箭头方向与 A_0 相反，为增环。

4. 工艺尺寸链的计算

工艺尺寸链的计算方法有两种：极值法和概率法。目前生产中多采用极值法（极值法：按误差综合的两个最不利情况计算）计算，下面仅介绍极值法计算的基本公式。

（1）封闭环的基本尺寸等于所有增环的基本尺寸之和减去所有减环的基本尺寸之和，即 $A_0 = \sum r\ A_i - \sum s\ A$

（2）封闭环的上偏差等于所有增环的上偏差之和减去所有减环的下偏差之和，即

$ESA_0 = \sum r\ ESA_i - \sum s\ EIA_i$

（3）封闭环的下偏差等于所有增环的下偏差之和减去所有减环的上偏差之和，即

$EIA_0 = \sum r\ EIA_i - \sum s\ ESA_i$

其中，A 表示基本尺寸；A_0 表示封闭环基本尺寸；A_i 表示组成环基本尺寸；ES 表示上偏差；ESA_0 表示封闭环上偏差；ESA_i 表示组成环上偏差；EI 表示下偏差，EIA_0 表示封闭环下偏差；EIA_i 表示组成环下偏差。

（4）封闭环极限尺寸：

最大极限尺寸 ：$A_{0max} = A_0 + ESA_0$

最小极限尺寸 ：$A_{0min} = A_0 + EIA_0$

（5）组成环极限尺寸。

最大极限尺寸：$A_{imax} = A_i + ESA_i$

最小极限尺寸：$A_{imin} = A_i + EIA_i$

切削用量的选择

（1）总的原则：保证安全，不致发生人身事故或设备事故；保证加工质量。在上述两项要求的前提下充分发挥机床的潜力和刀具的切削性能，选用较大的切削用量以提高生产率；不应超负荷工作，不能产生过大的变形和震动。

（2）一般原则：切削用量选择的原则是提高生产率，即切削时间缩短。

粗车时，应尽量保证较高的金属切除率和必要的刀具耐用度。

选择切削用量时应首先选取尽可能大的背吃刀量 a_p，其次根据机床动力和刚性的限制条件，选取尽可能大的进给量 f，最后根据刀具耐用度要求，确定合适的切削速度 v_c。增大背吃刀量 a_p 可使走刀次数减少，增大进给量 f 有利于断屑。

精车时，对加工精度和表面粗糙度要求较高，加工余量不大且较均匀。选择精车的切削用量时，应着重考虑如何保证加工质量，并在此基础上尽量提高生产率。因此，精车时应选用较小（但不能太小）的背吃刀量和进给量，并选用性能高的刀具材料和合理的几何参数，以尽可能提高切削速度。

选择切削用量的一般方法

（1）背吃刀量 a_p：一般情况下，机床工艺系统刚度允许时，粗车背吃刀量在保留半精车、精车余量后，尽量将粗车余量一次切除。如果总加工余量太大，一次切去所有加工余量会产生明显的振动，甚至刀具强度不允许，机床功率不够，则可分成两次或几次粗车。但第一刀背吃刀量应尽量大，以消除表面硬皮，切除砂眼、气孔等缺陷，从而保护刀尖不

与毛坯接触。半精车和精车加工，其背吃刀量是根据加工精度和表面粗糙度要求，由粗车后留下余量确定的。最后一刀背吃刀量不宜太小，否则会产生刮擦，对粗糙度不利。

（2）进给量 f：粗车时的进给量主要考虑进给伺服电机功率、刀杆尺寸、刀片厚度、工件的直径和长度等因素。在工艺系统刚度和强度允许的情况下，可选用较大进给量；反之适当减少。例如，加工小孔时，因刀杆直径小，应降低进给量。孔深，刀杆悬伸长，则需进一步降低进给量。由于钻头横刃钻孔进给力较大，进给量往往受到 Z 向伺服电机力矩制约。

半精加工和精加工的进给量受到工件加工精度和粗糙度限制，由于加工精度和粗糙度往往形成对应关系，半精加工和精加工进给量大小的确定着眼于表面粗糙度。

（3）切削速度 V_c：切削速度 V_c 可根据已经选定的背吃刀量、进给量及刀具耐用度进行选取。实际加工过程中，可根据生产实践经验和查表的方法来选取。一般，刀具的生产厂家都有相应的推荐值。

表 6-1 是一种常用刀片加工外圆的切削用量推荐值，仅供大家参考。加工内孔时，根据内孔车刀的刚性和加工条件，应将这些数值相应缩减。

表 6-1　硬质合金涂层刀片车削外圆端面切削用量推荐值

工件材料			背吃刀量/mm	进给量/（mm/r）	切削液	切削速度/（m/min）
软钢 碳素钢 合金钢	<180HB	精加工	≤1	≤0.3	干式	200（100～250）
		粗、半精加工	1～6	0.4（0.2～0.6）	干式	250（200～300）
		重切	4～9	0.6（0.5～0.8）	干式	200（150～250）
	180～280HB	精加工	≤1	≤0.3	干式	150（100～200）
		粗、半精加工	1～6	0.4（0.2～0.6）	干式	200（150～250）
		重切	4～9	0.6（0.5～0.8）	干式	150（100～200）
	280～350HB	精加工	≤1	≤0.3	水溶液	100（50～150）
		粗、半精加工	1～4	0.3（0.2～0.4）	水溶液	80（40～120）
奥氏体不锈钢	<200HB	精加工	≤1	≤0.2	干式	100（80～120）
		粗、半精加工	1～4	0.3（0.2～0.4）	干式	80（40～120）
高锰钢	<200HB		1～4	0.2（0.1～0.4）	干式	80（60～100）
钛合金	<350HB		1～5	0.2（0.1～0.3）	水溶液	40（20～60）
灰铸铁	<350N/mm²		1～6	0.4（0.2～0.6）	水溶液	250（150～300）
高强铸铁	<450N/mm²		1～6	0.4（0.2～0.6）	水溶液	200（150～250）
	500～800 N/mm²		1～6	0.4（0.2～0.6）	水溶液	150（100～200）
可锻铸铁			1～6	0.4（0.2～0.6）	水溶液	150（100～200）

续表

工件材料			背吃刀量 / (mm)	进给量/ (mm/r)	切削液	切削速度 / (m/min)
铝合金			1～6	0.4 (0.2～0.6)	水溶液	600 (400～800)
铜合金			1～6	0.4 (0.2～0.6)	水溶液	230 (150～300)

功能应用

图形显示功能可以显示自动运行期间的刀具移动轨迹，可以用来校验程序，其方法如下：

(1) 选择编辑“EDIT”模式，调出所需程序，使光标位于程序开头（可用RESET键）。

(2) 选择自动（AUTO）模式（或空运行模式）。

(3) 按下CSTM/GRPH（图形显示）键，按下软键参数，输入数据后按 INPUT，通过光标移动设置各项参数。

(4) 再次按下软键图形。

(5) 按下机床锁住按钮和空运行按钮，再按循环启动按钮，屏幕上即可看见刀具的运行轨迹。运行速度可以通过进给倍率旋钮调节。

工作任务

应用单一固定循环加工图 6-4 所示零件。

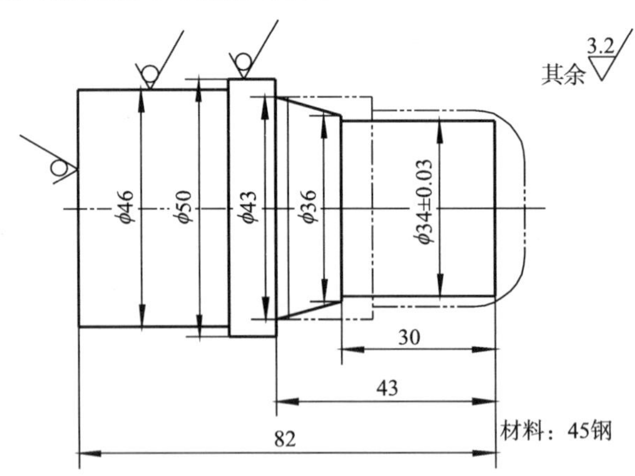

图 6-4　单一固定循环零件加工任务图

任务准备

(1) 图样分析。本次加工，余量较多，又有圆锥面，用 G00、G01 指令编程较烦琐，易出错，用单一固定循环，则程序段相对较少，粗糙度要求较高，必须分粗精车两步。

(2) 程序示例：

O0040

N10　T0202　　　　　　　　选端面车刀

```
N20  M03  S700
N30  G00  X40  Z1              ┐
N40  G94  X0  Z-1              │
N50  Z-2                       │
N60  Z-3                       │ 粗精车端面
N70  Z-4.8                     │
N80  S1200  F100               ┘
N90  G94  X0  Z-5
N100  G00  X100  Z100          换外圆车刀
N110  T0101
N120  G00  X45  Z-4            ┐
N130  G90  X40  Z-35           │ 粗车φ34 柱面留 0.5 余量
N140  X37                      │
N150  X34.5                    ┘
N160  G00  X45  Z-33.7         ┐
N170  G90  X43  Z-48  R-1      │ 粗车锥面
N180  R-2                      ┘
N190  R-3.85
N200  G00  Z-4  S1200
N210  X34
N220  G01  Z-35
N230  X36                      ┐ 精车轮廓
N240  X43  Z-48                ┘
N250  X51
N260  G00  X100  Z100          程序结束
N270  M30
```

任务实施

程序校验（用图形显示功能）自动加工。

任务测评

分析零件加工质量及其原因。

巩固提高

1. 写出 G90 指令的格式及参数含义。

2. 写出 G94 指令的格式及其运行轨迹。

3. G90 与 G94 指令的用法有何异同?

4. 刀具现在位置在 A（50，2）点，现开始执行程序段“G90　X48　Z－20　R－2.2　F100 ”，画出其运行轨迹。

5. 简述用图形显示功能校验程序的步骤。

6. 谈谈你在粗车零件时，是如何选择切削用量的。

7. 编写图 6-5 所示零件的加工程序。

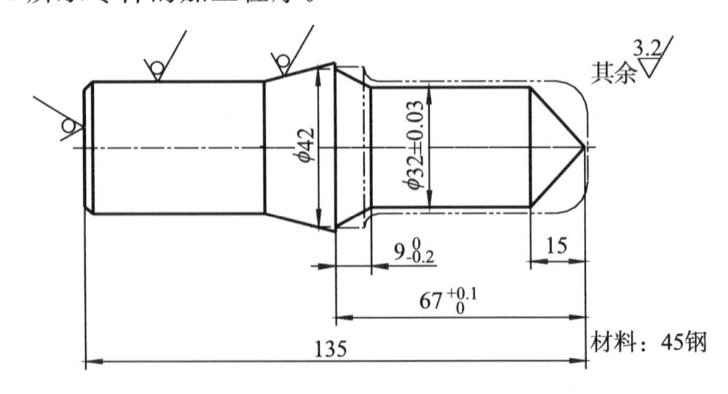

图 6-5　单一固定循环零件编程加工练习图（任务五中练习件）

评价与分析

表 6-2　图 6-5 所示单一固定循环零件编程加工练习件评分表

班级		姓名		工件编号	得分	
检查项目	序号	技术要求	配分/分	评分标准	检测记录	得分/分
工件加工	1	ϕ32 外圆尺寸正确	5	每超 0.01mm 扣 2 分		
	2	ϕ42 外圆尺寸正确	5			
	3	15 长度尺寸正确	5	不正确全扣		
	4	尺寸链计算正确	5	错一处扣 2 分		
	5	表面粗糙度合格	5	一处不合格扣 3 分		
	6	外形正确	5	不正确全扣		
程序编制	7	程序内容、格式正确	20	错一处扣 2 分		
	8	加工工艺合理	10	一处不合理扣 5 分		
机床操作	9	对刀操作正确	10	每错一处扣 5 分		
	10	面板操作正确	10	每错一处扣 2 分		
	11	图形功能应用正确	10	每错一处扣 2 分		
文明生产	12	遵守安全操作规程	5	违反全扣		
	13	维护保养符合要求	2	不符合全扣		
	14	工作场所整理达标	3	一处不达标扣 2 分		

项目三　复杂零件加工

任务七　应用外径粗车复合循环加工复杂零件

能够了解影响尺寸精度的主要因素。

能够掌握 G71、G70 指令的编程方法。

能够编程加工较复杂工件，掌握图形功能用法。

相关知识

1. 内外圆粗车复合循环 G71

外圆粗车复合循环指令适合切除棒料毛坯的大部分加工余量，主要用于径向尺寸要求比较高，轴向尺寸大于径向尺寸的毛坯工件进行粗车循环。

(1) 指令格式：G71　U(Δd)　R(e)

G71　P(ns)　Q(nf)　U(Δu)　W(Δw)　F××

其中，Δd 为 X 轴方向背吃刀量，用半径量指定，不带符号；e 为每次循环的退刀量；ns～nf之间的程序是描述工件的精加工轨迹的，ns 为精加工程序的第一个程序段号，nf 为精加工程序的最后一个程序段号；Δu 为 X 向精车余量的大小和方向，用直径量指定，外圆的加工余量为正，内孔的加工余量为负；Δw 为 Z 轴方向精车余量的大小和方向(图 7-1)。

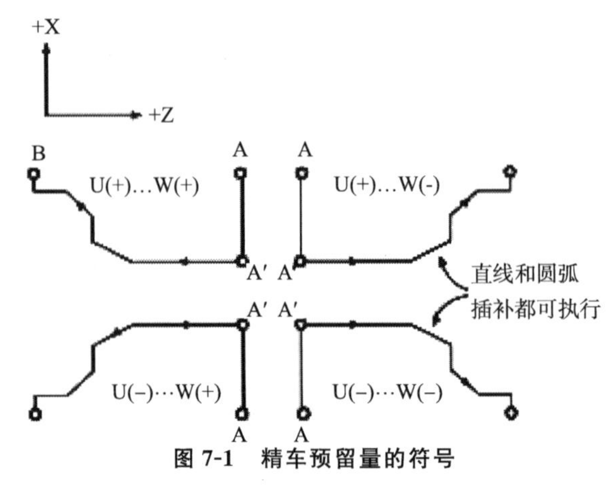

图 7-1　精车预留量的符号

(2) 运行轨迹。如图 7-2 所示，刀具从起点 C 快退至 D 点，沿 X 向快速进刀 Δd 值至 E 点，按 G01 方式切削进刀至 G 点后，沿 45°退刀 e 值至 H 点，再快速沿 Z 向退刀至 D 点的 Z 值处（I 点），再沿 X 向进刀（e+Δd），完成第一次切削循环，再开始第二次切削循环，如此完成粗车后，再按平行于精加工表面的轨迹进行半精车，完成后快速返回起点 C，此时，待精加工表面分别留出 Δu 和 Δw 的余量。

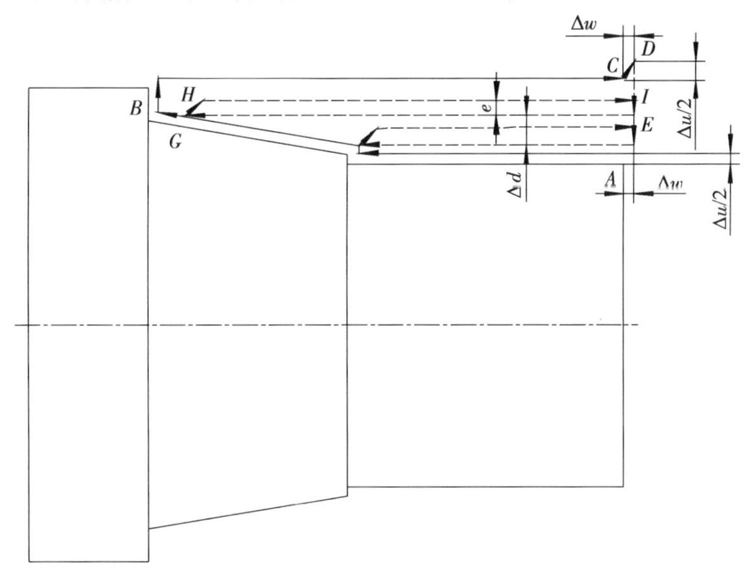

图 7-2　G71 指令运行轨迹示意图

①G71 指令中的 F _ S _ 指粗加工循环中的 F、S 值，该值一经指定，则在此“ns～nf”之间所有 F、S 值对粗加工循环均无效。

②该指令适于加工轮廓外形单增或单减的形式。

③要注意“ns”程序段必须只有 X 向进刀。

④当出现凹形轮廓时，本指令不能分层切削，而是在半精加工时一次性切削。

⑤循环结束后，可以用 G70 指令进行精车。

⑥ G71 循环前的定位点必须是毛坯以外并且靠近工件毛坯的点，因为该点会被系统认为毛坯的大小，即从该点起开始粗加工零件。

2. 精车循环 G70

(1) 格式：　G70　P(ns)　Q(nf)

其中，“ns”“nf”分别为精车程序的首尾程序段号。

(2) 说明：该指令必须用于 G71、G72、G73 指令之后，不单独使用，执行 G70 循环时，刀具沿工件的实际外形轮廓轨迹进行切削，结束后刀具返回起点，运行的 F、S 值由“ns”到“nf”之间的 F、S 值决定。

数控车削加工工艺分析的图样分析

工艺分析是数控车削加工的前期工艺准备工作。工艺制定得合理与否，对程序编制、机床的加工效率和零件的加工精度等都有重要影响。因此，编制加工程序前，应遵循一般的工艺原则并结合数控车床的特点，认真而详细地考虑零件图的工艺分析，确定工件在数控车床上的装夹以及刀具、夹具和切削用量的选择等。制定车削加工工艺之前，必须首先对被加工零件的图样进行分析，它主要包括以下内容。

1. 结构工艺性分析

零件的结构工艺性是指零件对加工方法的适应性，即所设计的零件结构应便于加工成型。在数控车床上加工零件时，应根据数控车削的特点，认真审视零件结构的合理性。例如，图 7-3（a）所示零件，需用三把不同宽度的切槽刀切槽，如无特殊需要，显然是不合理的，若改成图 7-3（b）所示结构，只需一把刀即可切出三个槽。这样既减少了刀具数量，少占刀架刀位，又节省了换刀时间。

在结构分析时若发现问题应向设计人员或有关部门提出修改意见。

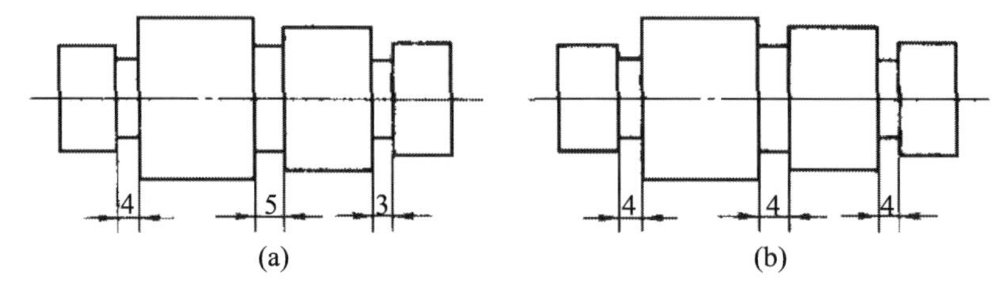

图 7-3　结构工艺性示例

2. 构成零件轮廓的几何要素

由于设计等各种原因，在图纸上可能出现加工轮廓的数据不充分、尺寸模糊不清及尺寸封闭等缺陷，从而增加编程的难度，有时甚至无法编写程序，如图 7-4 所示。

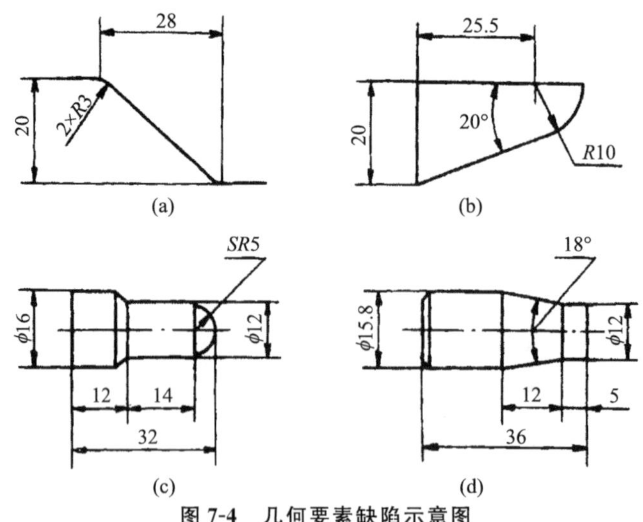

图 7-4　几何要素缺陷示意图

在图 7-4（a）中，两圆弧的圆心位置是不确定的，不同的理解将得到完全不同的结果。再如图 7-4（b）中，圆弧与斜线的关系要求为相切，但经计算后的结果却为相交割关系，而非相切。这些问题由于图样上的图线位置模糊或尺寸标注不清，使编程工作无从下手。在图 7-4（c）中，标注的各段长度之和不等于其总长尺寸，而且漏掉了倒角尺寸。在图 7-4（d）中，圆锥体的各尺寸已经构成封闭尺寸链。这些问题都给编程计算造成困难，甚至产生不必要的误差。当发生以上缺陷时，应向图样的设计人员或技术管理人员及时反映，解决后方可进行程序的编制工作。如果有一些基点需要计算，在编程之前要准确计算出各个基点的具体数值。

3. 尺寸公差要求

影响尺寸精度的主要因素有：

（1）工件装夹或刀具装夹不正确或不牢，产生振动或松动。

（2）刀具对刀不准确或刀具磨损过快。

（3）切削用量选择不合理，产生变形或内应力，尤其是精加工余量不合适。

（4）加工工艺安排不合理。

（5）数学计算不准确。

（6）机床系统误差。

在确定控制零件尺寸精度的加工工艺时，必须分析零件图样上的公差要求，从而正确选择刀具及确定切削用量等。

在尺寸公差要求的分析过程中，还可以同时进行一些编程尺寸的简单换算，如中值尺寸及尺寸链的解算等。在数控编程时，常常对零件要求的尺寸取其最大和最小极限尺寸的平均值（即“中值”）作为编程的尺寸依据。

4. 形状和位置公差要求

图样上给定的形状和位置公差是保证零件精度的重要要求。在工艺准备过程中，除了按其要求确定零件的定位基准和检测基准，并满足其设计基准的规定外，还可以根据机床的特殊需要进行一些技术性处理，以便有效地控制其形状和位置误差。如果有必要，需将尺寸公差和形位公差综合考虑，重新计算尺寸的极限值。

5. 表面粗糙度要求

表面粗糙度是保证零件表面微观精度的重要要求，也是合理选择机床、刀具及确定切削用量的重要依据。

6. 材料要求

图样上给出的零件毛坯材料及热处理要求，是选择刀具（材料、几何参数及使用寿命）、确定加工工序、确定切削用量及选择机床的重要依据。

7. 加工数量

零件的加工数量对工件的装夹与定位、刀具的选择、工序的安排及走刀路线的确定等都是不可忽视的参数，是制定加工工艺的重要依据之一。

工作任务

完成图 7-5 所示零件的编程加工。

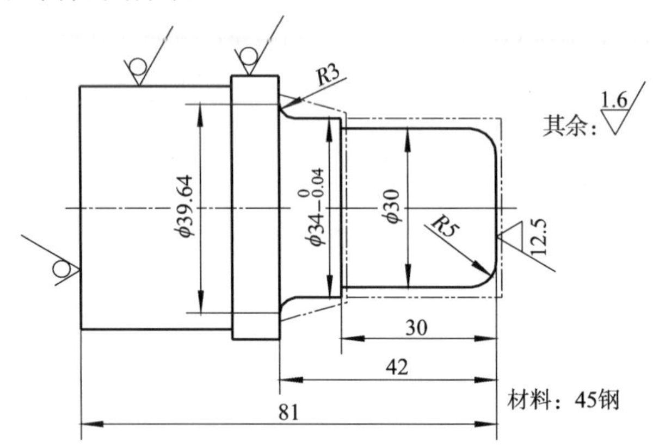

图 7-5　G71 指令零件加工任务图

任务准备

（1）图样分析。如图 7-5 所示，φ34 段有尺寸精度要求，编程时取中值φ33.98，粗糙度要求达到1.6，一定要分粗精车两步，精加工时选择专用精车刀。

（2）编程示例：

```
O0050
N10   T0101                                    选择刀具
N20   M03   S800                               主轴正转 800 r/min
N30   G00   X44   Z1                           快速定位到起刀点
N40   G71   U1    R0.5
N50   G71   P60   Q140   U0.5   W0   F200      粗加工轮廓
N60   G00   X0    S1200
N70   G01   Z0    F100
N80   X20
N90   G03   X30   Z-5    R5
N100  G01   Z-30                               精加工轮廓描述
N110  X33.98
N120  Z-39
N130  G02   X39.98   Z-42   R3
N140  G01   X44                                精加工轮廓描述
N150  G00   X100  Z100
N160  T0202                                    换精车刀
N170  G00   X44   Z1                           快速定位到起刀点
N180  G70   P60   Q140                         精加工轮廓
```

N190　G00　X100　Z100
N200　M30　　　　　　　　　　程序结束

任务实施

程序校验（用图形显示功能）自动加工。

任务测评

分析零件加工质量及其原因，见表 7-1。

表 7-1　外圆加工误差分析

问题现象	产生原因	预防及消除措施
工件外圆尺寸超差	刀具参数不正确 切削用量选择不当产生让刀 程序错误 工件尺寸计算错误	调整或重新设定刀具数据 合理选择切削用量 检查、修改加工程序 正确计算工件尺寸
外圆表面粗糙度太差	切削速度过低 刀具中心过高 切屑控制较差 刀尖产生积屑瘤 切削液选择不合理	调高主轴转速 调整刀具中心高 选择合理的进刀方式及切深 选择合理的切削速度 选择正确的切削液并充分喷注
台阶处不清根或呈圆角	程序错误 刀具选择错误 刀具损坏	检查、修改加工程序 正确选择加工刀具 更换刀片
加工过程中出现扎刀，引起工件报废	进给量过大 切屑阻塞 工件安装不合理 刀具选择不合理	降低进给速度 采用断、退屑方式切入 检查工件安装，增加安装刚性 正确选择刀具
台阶端面出现倾斜	程序错误 刀具安装不正确	检查、修改程序 正确安装刀具
工件圆度超差或产生锥度	车床主轴间隙过大 程序错误 工件安装不合理	调整车床主轴间隙 检查、修改加工程序 检查工件安装，增加安装刚性

巩固提高

1. 简述 G71 指令的格式及参数含义。

2. 图示说明 G71 指令的运行轨迹。

3. G70 指令为何不需要指定 F 值？

4. 怎样做才能更好地保证零件的尺寸精度？

5. 在安排切削加工工序时，主要考虑哪些问题？为什么？

6. 编制图 7-6 所示零件的加工程序。

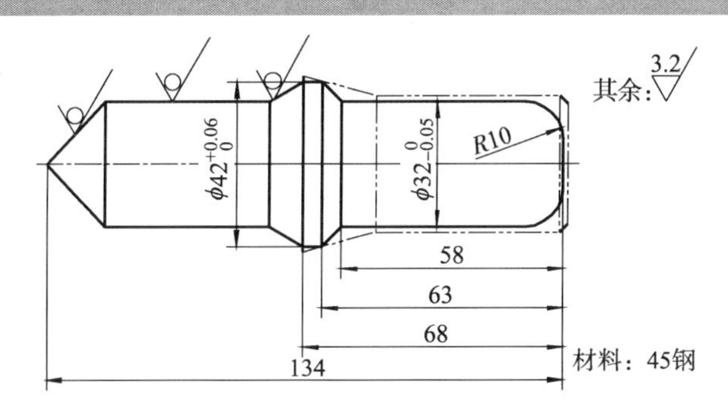

图 7-6　G71 指令零件加工编程练习图（任务六中练习件掉头）

评价与分析

表 7-2　图 7-6 所示 G71 指令零件编程加工练习件评分表

班级		姓名	工件编号	得分		
检查项目	序号	技术要求	配分/分	评分标准	检测记录	得分/分
工件加工	1	$\phi32^{0}_{-0.05}$外圆尺寸正确	10	每超 0.01mm 扣 2 分		
	2	$\phi42^{+0.06}_{0}$外圆尺寸正确	10			
	3	其他尺寸正确	5	错一处扣 2 分		
	4	表面粗糙度合格	10	一处不合格扣 3 分		
	5	外形正确	5	不正确全扣		
程序编制	6	程序内容、格式正确	20	错一处扣 2 分		
	7	加工工艺合理	10	一处不合理扣 5 分		
机床操作	8	对刀操作正确	5	每错一处扣 5 分		
	9	面板操作正确	5	每错一处扣 2 分		
	10	图形功能应用正确	10	每错一处扣 2 分		
文明生产	11	遵守安全操作规程	5	违反全扣		
	12	维护保养符合要求	2	不符合全扣		
	13	工作场所整理达标	3	一处不达标扣 2 分		

任务八　应用端面粗车复合循环加工复杂零件

学习目标

能够了解影响表面粗糙度的主要因素。
能够掌握 G72、G70 指令的编程方法。
能够编程加工较复杂工件，掌握数值计算的一般方法。

相关知识

1. 端面粗车复合循环 G72

端面粗车复合循环指令适合切除棒料毛坯的大部分加工余量，主要用于轴向尺寸要求比较高、径向尺寸大于轴向尺寸的毛坯工件进行粗车循环，特别适合于盘类零件的加工。

（1）指令格式（图 8-1）：G72 W(Δd) R(e)

G72 P(ns) Q(nf) U(Δu) W(Δw) F××S××T××

其中，Δd 为循环每次的切削深度（正值）；e 为每次切削退刀量；ns 为精加工描述程序的开始循环程序段的行号；nf 为精加工描述程序的结束循环程序段的行号；Δu 为 X 向精车预留量（图 8-2）；Δw 为 Z 向精车预留量。

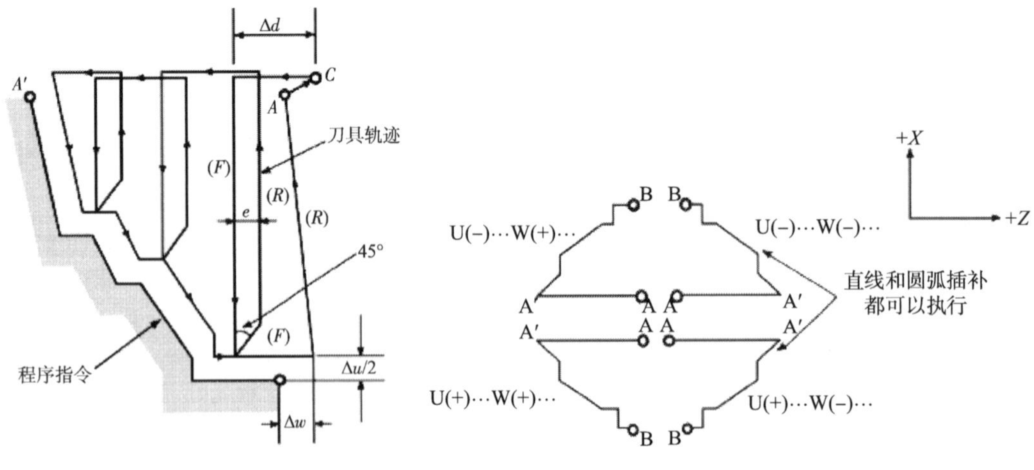

图 8-1　G72 指令运行轨迹图　　图 8-2　精车预留量的符号

（2）运行轨迹。端面粗车循环指令的运行轨迹与 G71 类似，不同之处是刀具平行于 X 轴方向切削，它是从外径方向往轴心方向切削端面的粗车循环。

①ns 程序段只能有 Z 向动作。

②循环加工的轮廓轨迹必须是单调递增或单调递减形式。

③适合加工径向余量尺寸较大而轴向余量较小、对端面精度要求较高的工件。

2. 端面精车循环 G70

与前面 G70 的用法完全相同。

影响表面粗糙度的主要因素

(1) 工件或刀具装夹不合理，产生振动。

(2) 刀具选择或刃磨不当，磨损过快。

(3) 切削速度不当，有积屑瘤。

(4) 进给速度过大。

(5) 精加工余量不合理。

(6) 加工过程中刀具有停顿。

(7) 工艺路线安排不合理。

(8) 机床本身性能影响。

加工盘类零件常用的夹具

加工小型盘类零件常采用三爪卡盘装夹工件，若有形位精度要求的表面不可能在三爪卡盘安装中加工完成时，通常在内孔精加工完成后，以孔定位上心轴或弹簧心轴加工外圆或端面，以保证形位精度要求。加工大型盘类零件时，因三爪卡盘规格没那么大，所以常采用四爪卡盘或花盘装夹工件。

1. 心轴

当工件用已加工过的孔作为定位基准，并能保证外圆轴线和内孔轴线的同轴度要求时，可采用心轴装夹。这种装夹方法可以保证工件内外表面的同轴度，适用于一定批量的生产。

心轴的种类很多，工件以圆柱孔定位常用圆柱心轴和小锥度心轴；对于带有锥孔、螺纹孔、花键孔的工件定位，常用相应的锥体心轴、螺纹心轴和花键心轴，圆锥心轴或锥体心轴定位装夹时，要注意其与工件的接触情况。工件在圆柱心轴上的定位装夹如图 8-3所示，圆锥心轴或锥体心轴定位装夹时与工件的接触情况如图 8-4 所示。

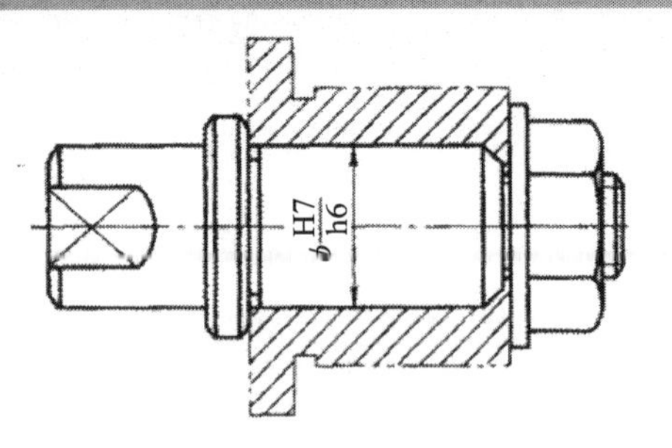

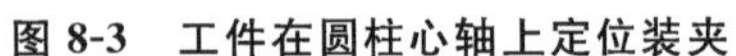

图 8-3　工件在圆柱心轴上定位装夹

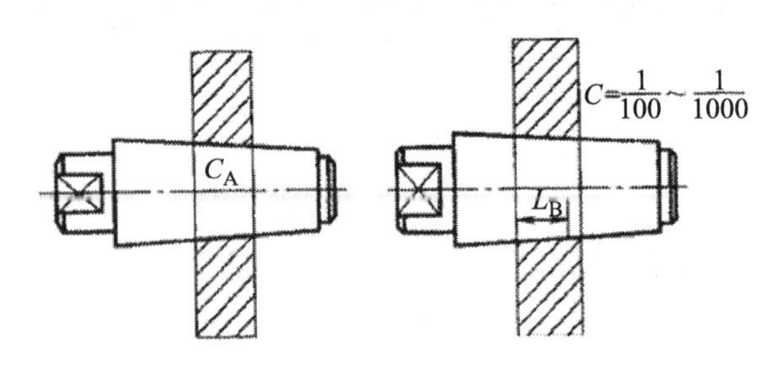

图 8-4　圆锥心轴安装工件的接触情况

圆柱心轴是以外圆柱面定心、端面压紧来装夹工件的，心轴与工件孔一般用H7/h6、H7/g6 的间隙配合，所以工件能很方便地套在心轴上，但由于配合间隙较大，一般只能保证同轴度 0.02mm 左右。为了消除间隙，提高心轴定位精度，心轴可以做成锥体，但锥体的度很小，否则工件在心轴上会产生歪斜，常用的锥度为 $C=1/100\sim1/1000$。定位时，工件压紧在心轴上，压紧后孔会产生弹性变形，从而使工件不致倾斜。

当工件直径较大时，应采用带有压紧螺母的圆柱形心轴，它的夹紧力较大，但对中精度比锥度心轴低。

2. 花盘

花盘是安装在车床主轴上的一个大圆盘（图 8-5）。形状不规则的工件，无法使用三爪或四爪卡盘装夹的工件，可用花盘装夹，它也是加工大型盘套类零件的常用夹具。花盘上面开有若干个 T 形槽，用于安装定位元件、夹紧元件和分度元件等辅助元件，可加工形状复杂盘套类零件或偏心类零件的外圆、端面和内孔等。用花盘装夹工件时，要注意平衡，应采用平衡装置以减少由离心力产生的振动及主轴轴承的磨损。一般平衡措施有两种：一种是在较轻的一侧加平衡块（配重块），其位置距离回转中心越远越好；另一种是在较重的一侧加工减重孔，其位置距离回转中心越近越好，平衡块的位置和重量最好可以调节，如图 8-6 所示。

图 8-5　花盘

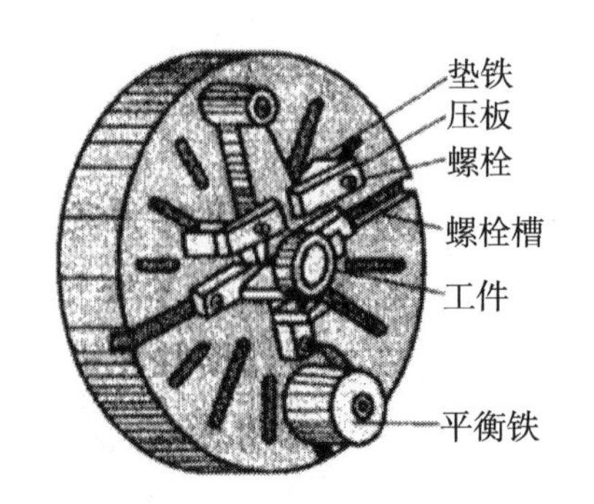

图 8-6　在花盘上装夹工件及其平衡

工作任务

完成图 8-7 所示零件的编程加工。

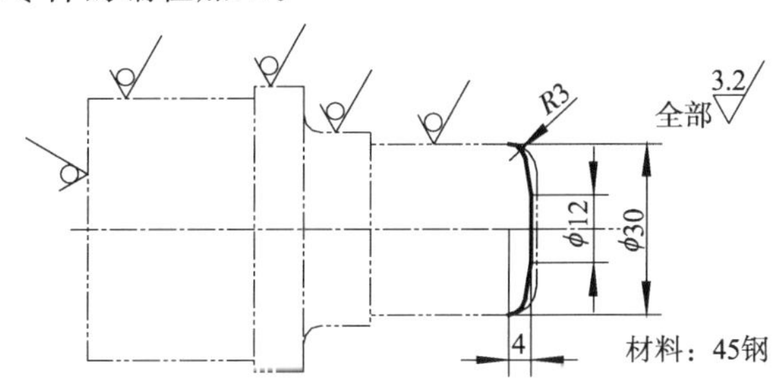

图 8-7　G72 指令零件加工任务图

任务准备

（1）图样分析。该工件径向余量远大于轴向余量，宜采用 G72、G70 复合循环，有圆弧和直线的切点需计算，该点坐标为（24.95，−1.04）。

（2）编程示例：

```
O0060
N10   T0202                                   选择左偏刀
N20   M03   S600                              主轴正转 600 r/min
N30   G00   X32   Z1                          快速定位到起刀点
N40   G72   W0.5   R0.5
N50   G72   P60   Q100   U0.1   W0.3   F80    粗车工件轮廓
N60   G00   Z−4   S1000                      ⎫
N70   G01   X30                              ⎬ 精加工轮廓描述
N80   G02   X24.95   Z−1.04   R3             ⎭
N90   G01   X12   Z0                          ⎫
N100  X−0.5                                   ⎬ 精加工轮廓
N110  G70   P60   Q100                        ⎭
N120  G00   X100   Z100                       程序结束
N130  M30
```

任务实施

程序校验（用图形显示功能）自动加工。

任务测评

分析零件加工质量及其原因，见表 8-1。

表 8-1　端面加工误差分析

问题现象	产生原因	预防和消除
端面加工时长度尺寸超差	刀具数据不准确 尺寸计算有误 程序错误	调整或重新设定刀具数据 正确进行尺寸计算 检查、修改加工程序
端面粗糙度太差	切削速度过低 刀具中心过高 切屑控制较差 刀尖产生积屑瘤 切屑液选择不合理	调高主轴转速 调整刀具中心高度 选择合理的进刀方式及切深 选择合理的切速范围 选择正确的切削液并充分喷注
端面中心处有凸台	程序错误 刀具中心高不正确 刀具损坏	检查、修改加工程序 调整刀具中心高 更换刀片
加工过程中出现扎刀引起工件报废	进给量过大 刀具角度选择不合理	减小进给量 正确选择刀具角度
工件端面凹凸不平	机床主轴径向间隙过大 程序有误 切削用量选择不当	调整机床主轴间隙 检查、修改加工程序 合理选择切削用量

1. 写出 G72 指令格式及参数含义，并图示说明其运行轨迹。

2. G71 指令与 G72 指令的用法有何不同？基点和节点有何不同？

3. 怎样才能更好地保证零件的表面粗糙度要求？

4. 编制图 8-8 所示零件的加工程序。

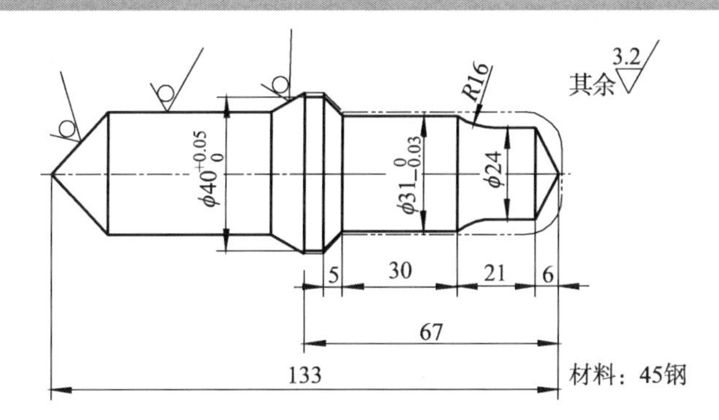

图 8-8　端面粗车循环零件编程加工练习图（任务七中练习件）

评价与分析

表 8-2　图 8-8 所示端面粗车循环零件编程加工练习件评分表

班级		姓名		工件编号	得分	
检查项目	序号	技术要求	配分/分	评分标准	检测记录	得分/分
工件加工	1	$\phi30_{-0.03}^{0}$外圆尺寸正确	10	每多超 0.01mm 扣 2 分		
	2	$\phi40_{0}^{+0.05}$外圆尺寸正确	10			
	3	$R16$ 圆弧尺寸正确	5	不正确全扣		
	4	其他长度尺寸正确	10	错一处扣 2 分		
	5	表面粗糙度合格	10	一处不合格扣 3 分		
	6	连接处光滑过渡	5	一处不合格扣 2 分		
程序编制	7	程序内容、格式正确	20	错一处扣 2 分		
	8	加工工艺合理	10	一处不合理扣 5 分		
机床操作	9	对刀操作正确	5	每错一处扣 5 分		
	10	面板操作正确	5	每错一处扣 2 分		
文明生产	11	遵守安全操作规程	5	违反全扣		
	12	维护保养符合要求	2	不符合全扣		
	13	工作场所整理达标	3	一处不达标扣 2 分		

任务九　应用仿形车复合循环加工凹弧类零件

学习目标

能够了解圆弧车刀的用法。
能够掌握 G73、G70 指令的编程方法。
能够编程加工较复杂工件，掌握刀尖圆弧半径补偿的应用方法。

相关知识

仿形车复合循环 G73 介绍如下：

(1) 格式：G73　U(Δi)　W(Δk)　R(Δd)

G73　P(ns)　Q(nf)　U(Δu)　W(Δw)　F××S××T××

其中，Δi 为 X 向毛坯切除余量（半径值、正值）；Δk 为 Z 向毛坯切除余量（正值）；Δd 为粗切循环的次数；ns 为精加工描述程序的开始循环程序段的行号；nf 为精加工描述程序的结束循环程序段的行号；Δu 为 X 向精车预留量；Δw 为 Z 向精车预留量；Δi 为 X 向加工余量的大小和方向，大小为毛坯轮廓与精加工轮廓对应点的径向差值的最大值，用半径值表示，方向为加工余量相对于轮廓外形的方向，一般外圆加工时为正值，内孔加工时为负值；Δk 为 Z 向加工余量的大小和方向，可参照 Δi 理解。

(2) 运行轨迹。刀具从起点 C 快速退刀至 D 点（Δu/2+Δi，Δw+Δk），快速进刀至 E 点（由 A 点坐标、精加工余量、退刀量 Δi 和 Δk 及粗切次数 Δd 决定）；仿轮廓外形切削至 F 点，快速返回 G 点，准备下一层切削，如此反复切削，直至循环结束。

(3) 注意事项：①该指令主要用于切削固定轨迹的轮廓，如铸、锻件或已粗车成形的工件，对于不具备成形条件的工件，用 G73 指令会增加空行程，尽量不用。②G73 指令描述精加工走刀路径时应封闭。③G73 指令用于内孔加工时，如果采用 X、Z 双向进刀或 X 单向进刀方式，必须注意是否有足够的退刀空间，否则会发生撞刀。

知识连接

刀具圆弧半径补偿的应用

1. 刀尖圆弧半径补偿的定义

在实际加工中，车刀的刀尖一般都会有半径不等的小圆弧，其半径值称为刀尖圆弧半径，对刀的时候，实际上是把假想刀尖作为刀位点来进行的，在车外圆的时候，实际切削点为 B，在车端面时，实际切削点为 C，对尺寸和形状影响不大，而在加工锥面和弧面时，实际切削点并非 B、C，其尺寸和形状都会有较大偏差，甚至产生废品（图 9-1）。机床本身有一种功能，能够很好地解决这一问题，机床在实际加工时，刀尖圆弧中心与编程轨迹会自动偏移一个刀尖圆弧半径值来补偿这种偏差，称为刀尖圆弧半径补偿。应用这种功能编程时，只要按工件轮廓编程，正常对刀即可。对没有该功能的机床，要获得此效果，必须按刀尖圆弧中心轨迹编程，对刀时也必须按此对刀，如图 9-2 所示。

加工圆锥和圆弧时产生的少切和过切现象，如图 9-3 所示。

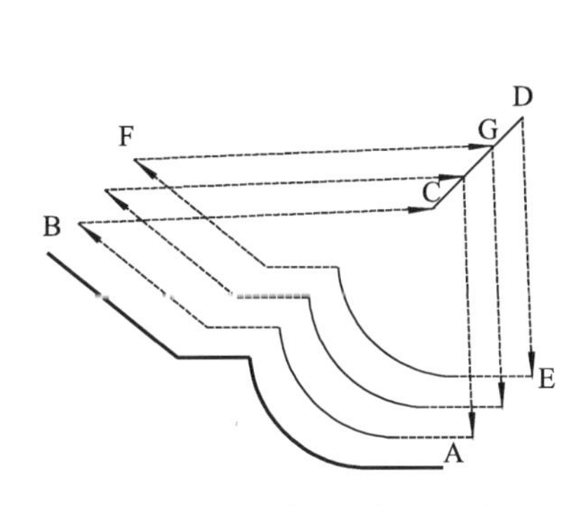

图 9-1　G73 指令运行轨迹示意图

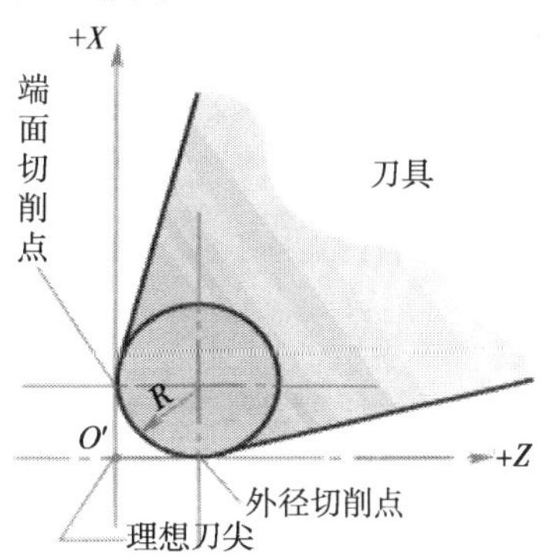

图 9-2　刀尖圆弧半径补偿示意图

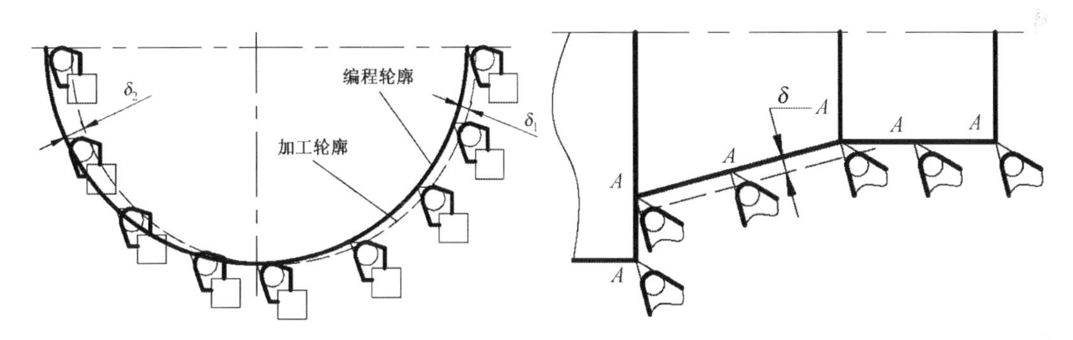

图 9-3　加工圆锥和圆弧时产生的少切和过切现象

2. 刀尖圆弧半径补偿指令

(1) 指令格式：　G41/G42　G01/G00　X _ Z _ F _；G40　G01/G00　X _ Z _ 。

(2) G41、G42 用法：在笛卡儿坐标系下，沿 Y 轴负方向并沿刀具的移动方向看，当刀具处在加工轮廓左侧时，用刀尖圆弧半径左补偿指令 G41，在右侧时，用刀尖圆弧半径可补偿指令 G42，数控车床的 G41/G42 指令后不带任何补偿号。一般在对刀的时候，是按照假想刀尖进行的，在系统刀具补偿参数设定画面中，在对应的刀具号的“R”列中，输入刀尖圆弧半径，在“T”列中输入刀沿号。G40 指令用于取消刀尖圆弧半径补偿。

(3) 圆弧车刀刀具切削位置号（刀沿号）的确定。数控车刀的刀沿号共有 9 个，如图 9-4 所示。

①一般情况下，外圆车刀的刀沿号都是 3 号，内孔车刀的刀沿号是 2 号，左偏刀的刀沿号是 4 号。

②一般情况下，加工外圆时的刀尖圆弧半径补偿指令是 G42，加工内孔时的刀尖圆

弧半径补偿功能指令是 G41。

③刀尖圆弧半径补偿功能的建立和取消，一般只能在 G00 和 G01 指令模式下才有效。

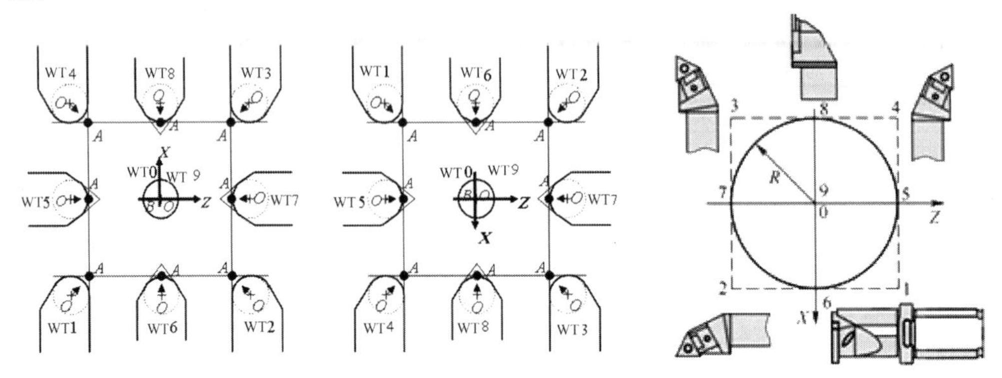

图 9-4　刀具切削位置号（刀沿号）（右边的图可以看得更清楚）（前置刀架）

工作任务

完成图 9-5 所示零件的编程加工。

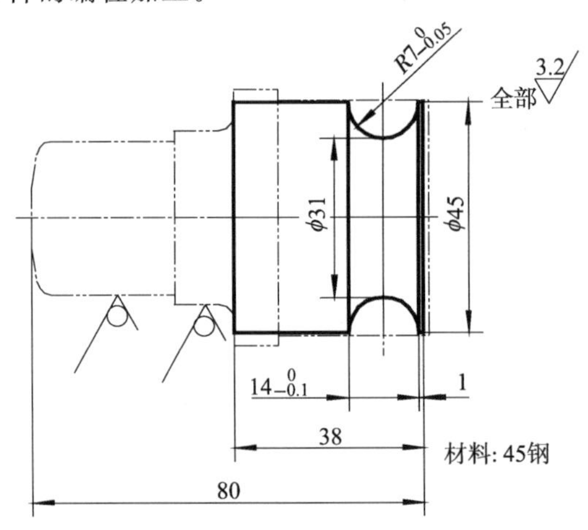

图 9-5　G73 指令零件加工任务图

任务准备

（1）图样分析。本工件的半径有公差要求，且圆弧较深，宜选择圆弧车刀，可用 G73 仿形加工循环指令加工。

（2）编程示例：

O0070	
N10　T0101	外圆粗车刀
N20　G00　X46　Z1　M03　S600	粗车外圆
N30　G90　X45.5　Z−40　F200	

```
N40  G00  X100  Z100
N50  T0202                               换圆弧车刀
N60  G00  X46  Z1  S800                  快速定位到起点
N70  G73  U14  W0  R5
N80  G73  P90  Q130  U0.3  W0  F160      粗加工轮廓
N90  G42  G00  X45  Z1                 }
N100  G01  Z-1  F80                    } 轮廓轨迹描述
N110  G02  X45  Z-14.95  R6.975        }
N120  G40  G01  Z-39
N130  G00  X46  Z1
N140  G70  P90  Q130                     精加工轮廓外形
N150  G00  X100  Z100                  } 程序结束
N160  M30                              }
```

任务实施

程序校验（用图形显示功能）自动加工。

任务测评

分析零件加工质量及其原因。

巩固提高

1. 写出 G73 指令的格式及各参数含义。

2. 图示 G73 指令的运行轨迹。

3. 哪些程序需要应用刀尖圆弧半径补偿功能？

4. 简要说明 G41 和 G42 指令的判别方法。

5. 画出前置刀架的刀沿号总图。

6. 编制图 9-6 所示零件的加工程序。

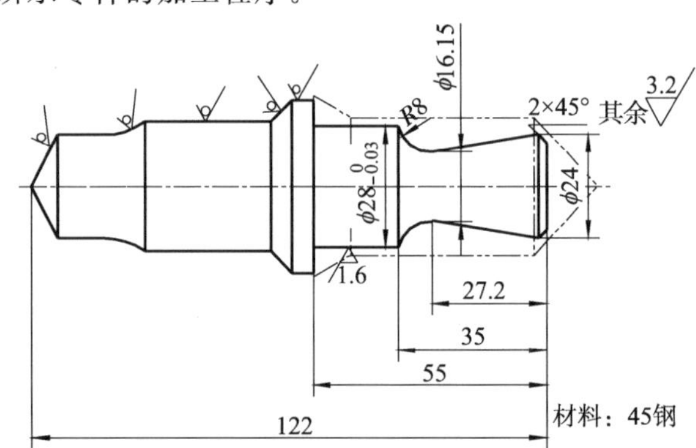

图 9-6　G73 指令零件编程加工练习图（任务八中练习件掉头）

评价与分析

表 9-1　图 9-6 所示 G73 指令零件编程加工练习件评分表

班级		姓名		工件编号	得分	
检查项目	序号	技术要求	配分/分	评分标准	检测记录	得分/分
工件加工	1	$\phi28_{-0.03}^{0}$外圆尺寸正确	10	每多超 0.01mm 扣 2 分		
	2	$\phi16.15$ 外圆尺寸正确	5	超差 0.1mm 以上，每多超 0.01mm 扣 2 分		
	3	$\phi24$ 外圆尺寸正确	5			
	4	其他长度尺寸正确	10	错一处扣 2 分		
	5	表面粗糙度合格	10	一处不合格扣 3 分		
	6	连接处光滑过渡	5	一处不合格扣 2 分		
	7	$R8$ 圆弧尺寸正确	5	不正确全扣		

续表

班级		姓名		工件编号		得分
检查项目	序号	技术要求	配分/分	评分标准	检测记录	得分/分
程序编制	8	程序内容、格式正确	20	错一处扣2分		
	9	加工工艺合理	10	一处不合理扣5分		
机床操作	10	对刀操作正确	5	每错一处扣5分		
	11	面板操作正确	5	每错一处扣2分		
文明生产	12	遵守安全操作规程	5	违反全扣		
	13	维护保养符合要求	2	不符合全扣		
	13	工作场所整理达标	3	一处不达标扣2分		

任务十　应用切槽复合循环加工槽类零件

学习目标

能够了解子程序相关知识。

能够掌握G75、G74指令的用法。

能够编程加工槽类工件，掌握内孔的加工方法。

相关知识

1. 径向切槽复合循环G75

(1) 指令格式：G75　R(e)

G75　X(u)　Z(w)　P(i)　Q(Δk)　R(Δd)　F××

其中，e为分层切削每次退刀量；u为 X 向终点坐标值；w为 Z 向终点坐标值；Δi为 X 向每次的切入量；Δk为 Z 向每次的移动量；Δd为切削到终点时的退刀量（可以缺省）。

(2) 运行轨迹（图10-1）

①刀具从循环起点开始，沿 X 向进刀Δi，而后退刀e。

②如上循环递进切削，至终点到 X 坐标处，退到 X 向起刀点，完成一次切削循环。

③沿轴向移动Δk，进行第二次切削循环。

④依次循环，直至切槽终点，X 向退刀至起点，Z 向退刀至起点。

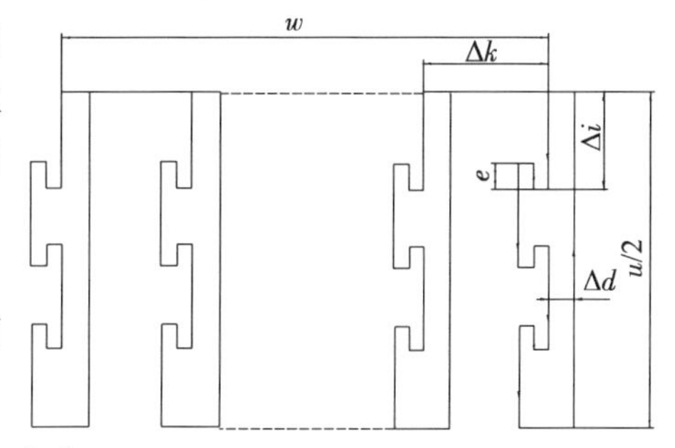

图10-1　G75指令运行轨迹图

2. 端面切槽循环 G74

(1) 指令格式：G74 R(e)

G74 X(u) Z(w) P(Δi) Q(Δk) R(Δd) F××

其中，Δi 表示 X 向每次的移动量；Δk 表示 Z 向每次的切入量；其余参数含义同 G75。

(2) 运行轨迹。与 G75 指令运行轨迹类似，不同之处是先 Z 向切削，再沿 X 向移动，依次循环完成全部动作。

3. 主程序、子程序

(1) 主程序：主程序是一个完整的零件加工程序，数控机床是按主程序的指令工作的，其结束行有程序结束指令。

(2) 子程序：在编程时，把某些重复出现的程序单独抽出，编成一个程序供调用，并单独命名，这组程序段称为子程序。

子程序不能作为独立的加工程序使用，只能通过主程序来调用，子程序中还可调用子程序，称为子程序的嵌套，子程序结束用 M99 表示，结束后自动返回主程序。

(3) 子程序的调用：

格式一 M98 Pxxxx Lxxxx

P 后面的数字为子程序号，L 后面的数字表示重复调用次数。

格式二 M98 Pxxxxxxxx

前四位数字表示调用次数，后四位数字表示子程序号。调用次数前面的数字“0”可以省略，而子程序前面的“0”则不能省略。

(4) 子程序调用的特殊用法：

M99 Pn：表示子程序结束后返回主程序的 Pn 程序段。

子程序的编写经常采用增量坐标，以方便使用。

子程序的两种调用格式不能混合使用。

孔加工刀具

孔加工刀具按其用途可分为两大类。

(1) 一类是钻头，它主要用于在实心材料上钻孔（有时也用于扩孔）。根据转头构造及用途不同，又可分为麻花钻、扁钻及深孔钻等。

钻孔的尺寸精度一般可达 IT11～IT12，表面粗糙度可达 Ra12.5～2.5μm，麻花钻是钻孔最常用的刀具，钻头一般由高速钢制成。由于高速切削的发展，镶硬质合金的钻头也得到了广泛应用。对于精度要求不高的内孔，可用麻花钻直接钻出；对于精度要求较高的孔，钻孔后还要再经过车削或扩孔、铰孔才能完成，在选用麻花钻时应留出下道工序的加工余量。选用麻花钻长度时，一般应使麻花钻螺旋槽部分略长于孔深；麻花钻过长则刚性差，麻花钻过短则排屑困难，也不宜钻穿孔。

钻削时的切削用量介绍如下：

①背吃刀量（a_P）。钻孔时的背吃刀量是钻头直径的 1/2（图 10-2）。

②切削速度（V_c）。钻孔时的切削速度是指麻花钻主切削刃外缘处的切削速度：

$$V_c=\frac{\pi Dn}{1000}$$

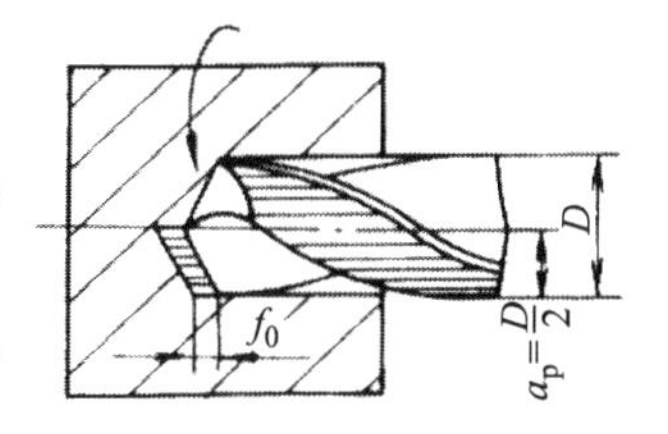

图 10-2　钻孔时的背吃刀量

其中，V_c 为切削速度（m/min）；D 为钻头的直径（mm）；n 为主轴转速（r/min）。

用高速钢麻花钻钻钢料时，切削速度一般选 $V_c=15\sim30$m/min；钻铸铁时，$V_c=10\sim25$m/min。

③进给量（f）。在车床上钻孔时，工件转 1 周，钻头沿轴向移动的距离为进给量。用手慢慢转动尾座手轮来实现进给运动，进给量太大会使钻头折断，选 $f=(0.01\sim0.02)D$,钻铸铁时进给量略大些。

（2）另一类是对已有孔进行再加工的刀具，如扩孔钻、铰刀及镗刀等。

①扩孔钻用于将现有孔扩大，一般精度可达 IT10～IT11，表面粗糙度可达 $Ra3.2\sim12.5\mu m$，通常作为孔的半精加工刀具。

②镗刀用来扩孔及用于孔的粗、精加工。镗刀能修正钻孔、扩孔等工序所造成的孔轴线歪曲、偏斜等缺陷，故特别适用于要求孔距很准确的孔系加工。镗刀可加工不同直径的孔。

根据结构特点及使用方式，镗刀可分为单刃镗刀、多刃镗刀和浮动镗刀等。为了保证镗孔时的加工质量，镗刀应满足下列要求：

a. 镗刀和镗刀杆要有足够的刚度；

b. 镗刀在镗刀杆上既要夹持牢固，又要装卸方便，便于调整；

c. 要有可靠的断屑和排屑措施。

③铰刀用于中小型的半精加工和精加工，也常用于磨孔或研孔的预加工。铰刀的齿数多、导向性好、刚性好、加工余量小、工作平稳，一般加工精度可达 IT16～IT18，表面粗糙度可达 $Ra0.4\sim1.6\mu m$。

操作练习

一般有孔的零件总是由内孔、外圆、端面等组成。除了本身的尺寸精度和表面粗糙度外，还有它们之间相互位置精度要求，比较常见的有内外圆的同轴度、端面与内孔轴线的垂直度、两端面的平行度等。常用于保证这些位置精度要求的方法主要有以下几种：

（1）在一次安装中加工内外圆表面和端面。主要靠机床本身的精度来保证位置精度要求。装夹比较方便，工序比较集中，有利于缩短加工时间，但需要经常转换刀架，轮流使用各种刀具。

（2）以内孔为基准加工外圆和端面。一般用心轴来进行定位，常用的主要有实体心轴、涨力心轴等。这种方法的工件定位不准确，不利于批量生产。

（3）以外圆为基准保证位置精度。零件的外圆和端面必须精加工过，然后才能作为定位基准，此时一般采用软爪装夹工件。软爪的最大特点是工件经过多次装夹，仍能保持一定的相互位置精度，可以减少大量的校正时间。而且，当装夹已加工过的表面或软金属时，不易夹伤零件表面。

内孔加工关键技术介绍如下：

车孔精度可达 IT7～IT8 级，表面粗糙度 *Ra* 值可达 1.6～3.2μm。其关键技术是解决内孔车刀的刚度问题和内孔车削过程中的排屑问题。

为了增加车削刚度，防止产生振动，要尽量选择粗的刀杆，装夹时刀杆伸出长度尽可能短，只要略大于孔深即可。刀尖要对准工件中心，刀杆与轴线平行。精车内孔时，要保持刀刃锋利，否则容易产生让刀，把孔车成锥形。

内孔加工过程中，主要通过控制切屑流出方向来解决排屑问题。精车通孔时，要求切屑流向待加工表面（前排屑），应采用正刃倾角车刀。加工盲孔时，应采用负刃倾角，使切屑从孔口排出。

图 10-3　镗孔车刀

对于直径较小的孔的精加工，一般采用铰孔的方法。铰刀的刚性比镗刀（图 10-3）要强很多，因此更适合加工细长孔。铰孔关键技术是铰孔余量的确定，余量的大小直接影响铰孔的质量。余量太小，往往不能把前道工序的加工痕迹去除。余量太大，又会严重影响表面质量，甚至损坏铰刀。一般铰孔余量为：高速钢铰刀 0.08～0.12mm，硬质合金铰刀 0.15～0.20mm。

工作任务

完成图 10-4 所示零件的编程加工。

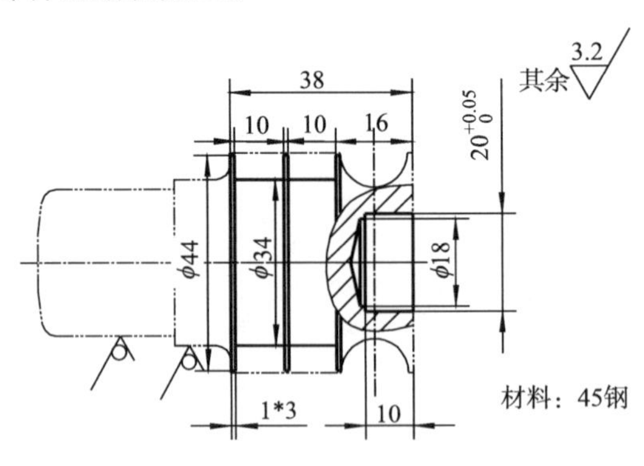

图 10-4　切槽加工任务图

任务准备

（1）图样分析。该零件有两个较宽径向槽和一个孔，两个径向槽可采用 G75 指令或调用子程序完成，而ϕ20 的孔则可以先用 G74 指令钻孔（ϕ18），再用内孔车刀完成ϕ20 孔的加工。

(2) 编程示例:

程序	说明
O0080	
N10　T0101	选择外圆车刀
N20　G00　X45　Z1　M03　S600	快速定位到起刀点
N30　G90　X44　Z-40　F80	加工外圆到尺寸
N40　G00　X100　Z100	
N50　T0202	切槽刀(刀宽 4)
N60　G00　X45　Z-20	定位到第一个槽起点
N70　G75　R0.5	
N80　G75　X34　Z-26　P2000　Q3000　F50	用循环指令切槽
N90　G00　Z-31	定位到第二个槽起点
N100　M98　P100　L3	调用子程序 O0100 切槽
N110　G00　X100　Z200	
N120　T0303	装在刀架上的钻头(ϕ18)
N130　G00　X0　Z1　S240	定位到工件端面起点
N140　G74　R2	
N150　G74　Z-18　Q3000　F12	循环钻孔到尺寸
N160　G00　X100　Z200	
N170　T0404	换内孔车刀(盲孔车刀)
N180　G00　X18　Z1　S600	快速定位到起刀点
N190　G90　X19.5　Z-10　F60	粗车内孔
N200　G90　X20.025　Z-10　F45	精车内孔到尺寸
N210　G00　X100　Z200	
N220　M30	主程序结束
O0100	子程序号
N10　G01　U-11	X 向进刀 11 mm
N20　U11	X 向退刀 11 mm
N30　W-3	Z 向移动 3 mm
N40　M99	子程序结束

任务实施

程序校验(用图形显示功能)自动加工。

任务测评

分析零件加工质量及其原因,见表 10-1、表 10-2。

本例中调用子程序切槽明显没有用 G75 指令方便，需要考虑槽的宽度和深度，分刀不易考虑周全。

表 10-1　槽加工误差分析

问题现象	产生原因	预防和消除
槽的一侧或两侧出现小台阶	刀具数据不准确或程序错误	1. 调整或重新设定刀具数据 2. 检查、修改加工程序
槽底出现倾斜	刀具安装不正确	正确安装刀具
槽的侧面出现凹凸面	1. 刀具刃磨角度不对称 2. 刀具安装角度不对称 3. 刀具两刀尖磨损不对称	1. 正确刃磨刀具 2. 重新安装刀具 3. 更换刀片
槽的两侧面倾斜	刀具磨损	重新刃磨刀具或更换刀片
槽底出现振动现象，留有振纹	1. 工件装夹不正确 2. 刀具安装不正确 3. 切削参数不正确 4. 程序延时过长	1. 检查工件安装，增加安装刚度 2. 调整刀具安装位置 3. 提高或降低切削速度 4. 缩短程序延时时间
出现扎刀现象，造成刀具断裂	1. 进给量过大 2. 切屑阻塞	1. 降低进给速度 2. 采取断、退屑方式切入
切槽过程中出现较强的振动，工件刀具出现谐振现象，切削不能继续	1. 工件装夹不正确 2. 刀具安装不正确 3. 进给速度过低	1. 检查工件安装，增加安装刚度 2. 调整刀具安装位置 3. 提高进给速度

表 10-2　孔加工误差分析

问题现象	产生原因	预防和消除
尺寸不正确	1. 程序不正确 2. 刀具安装不正确 3. 产生积屑瘤	1. 修改程序 2. 重新安装刀具 3. 选择合理切削用量
内孔有锥度	1. 刀具磨损 2. 刀杆刚性差，产生让刀	1. 重新刃磨刀具或更换刀片 2. 尽量用大尺寸刀杆 3. 减小切削用量
内孔不圆	1. 装夹时产生变形 2. 余量不均匀	1. 选择合理装夹方法 2. 用半精加工，使余量均匀
内孔不光	1. 刀具磨损或刃磨不良 2. 刀具安装过低 3. 刀杆振动 4. 切削用量选择不当	1. 重新刃磨刀具 2. 重新安装刀具 3. 加粗刀杆或降低切削速度 4. 选择合理切削用量

巩固提高

1. 写出 G74、G75 指令格式及各参数含义。

2. 图示说明 G75 指令的运行轨迹。

3. 如何认识主程序与子程序？

4. 写出 M98 指令调用子程序的两种格式及应用方法。

5. 说说在孔加工过程中，主要应注意哪些问题？

6. 加工径向槽时，槽底面的表面质量不好控制，说说你是如何控制其表面质量的？

7. 加工端面槽时，车刀的刃磨主要应注意哪些问题？

8. 编写图 10-5 所示零件的加工程序。

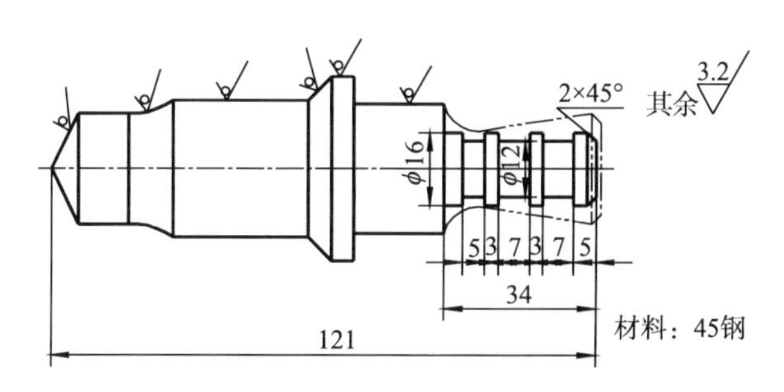

图 10-5　槽加工指令零件编程加工练习图（任务九中练习件）

评价与分析

表 10-3　图 10-5 所示槽加工指令零件编程加工练习件评分表

班级		姓名		工件编号		得分
检查项目	序号	技术要求	配分/分	评分标准	检测记录	得分/分
工件加工	1	ϕ16 外圆尺寸正确	5	超差 0.1mm 以上，每多超 0.01mm 扣 2 分		
	2	ϕ12 外圆尺寸正确	5			
	3	槽宽 5 尺寸正确	10			
	4	槽宽 7 尺寸正确	10			
	5	槽宽 7 尺寸正确	10			
	6	其他尺寸正确	10	一处错误扣 2 分		
	7	表面粗糙度合格	10	一处不合格扣 3 分		
程序编制	8	程序内容、格式正确	20	一处错误扣 2 分		
	9	加工工艺合理	10	一处不合理扣 5 分		
机床操作	10	对刀操作正确	5	每错一处扣 5 分		
	11	面板操作正确	5	每错一处扣 2 分		
文明生产	12	遵守安全操作规程	倒扣	一处不合格倒扣 5 分		
	13	维护保养符合要求				
	14	工作场所整理达标				

任务十一　螺纹加工

学习目标

能够了解螺纹加工工艺。
能够掌握 G32、G34 与 G92 指令用法。
能够编程加工螺纹工件，掌握 G76 指令用法。

相关知识

在各种机电产品中，螺纹的应用十分广泛。它主要用于连接各种机件，也可用来传递运动和载荷，如螺钉、螺母、螺杆、丝杠等。螺纹的分类方法很多，按螺纹的牙型可分为三角形、梯形、锯齿形、圆形等；按螺纹的外廓形状可分为圆柱螺纹和圆锥螺纹；按形成螺纹的螺旋线的条数可分为单线和多线螺纹，由一条螺旋线形成的螺纹叫单线螺纹，由两条或两条以上的轴向等距分布的螺旋线所形成的螺纹叫多线螺纹。按用途可分为连接螺纹和传动螺纹等。

高精度的螺纹轴零件加工时，需用数控车床加工螺纹，由数控系统控制螺距的大小和精度，从而简化了计算，并且螺距精度高且不会出现乱扣的现象；螺纹切削效率显著提高；专用数控螺纹切削刀具、较高的切削速度的选用，又进一步提高了螺纹的加工精度和表面质量。

1. 螺纹常用公式

（1）螺纹的导入和导出距离 δ_1、δ_2。

$\delta_1=(2\sim3)P$；$\delta_2=(1\sim2)P$。

（2）车削螺纹前螺纹轴、孔直径的确定。

车削螺纹前轴外径 $=D-0.13P$；

车削螺纹前塑性金属孔径 $=D-P$；

车削螺纹前脆性金属孔径 $=D-1.05P$。

其中，D 为螺纹公称直径；P 为螺距。

（3）螺纹底径的确定。

车削外螺纹底径 $=D-1.3P$；

车削内螺纹底径 $=D$。

（4）常用普通螺纹切削的进给次数与背吃刀量见表 11-1。

表 11-1　常用普通螺纹切削的进给次数与背吃刀量　　（单位：mm）

螺　距		1.0	1.5	2.0	2.5	3.0	3.5	4.0
总切深		1.3	1.95	2.6	3.25	3.9	4.55	5.2
每次切削的背吃刀量	1	0.7	0.8	0.9	1.0	1.5	1.5	1.5
	2	0.4	0.6	0.6	0.7	0.7	0.7	0.8
	3	0.2	0.4	0.6	0.6	0.6	0.6	0.6
	4		0.15	0.4	0.4	0.4	0.6	0.6
	5			0.1	0.4	0.4	0.4	0.4
	6				0.15	0.4	0.4	0.4
	7					0.2	0.2	0.4
	8						0.15	0.3
	9							0.2

2. 单行程螺纹切削指令

（1）指令格式：

G32　X(U)_Z(W)_F_Q_（等螺距）

G34　X(U)_Z(W)_F_K_（变螺距）

（2）参数含义。

X(U)_Z(W)_为螺纹终点坐标。

F 为导程，其值为螺距与螺纹线数的乘积，单线螺纹的导程等于螺距。

Q 为螺纹起始角，单位为 0.001°，单线时该值不用指定，恒为零；多线时，按线数等分圆周。每刀间隔为等分的角度数。

K 为主轴每转螺距的增量（正值）或减量（负值）。

3. 单一固定循环切削螺纹指令（模态）

（1）指令格式：

G92　X(U)_Z(W)_F_R_

（2）参数含义。

X(U)_Z(W)_为螺纹切削终点坐标。

F 为螺纹导程。

R 为加工圆锥螺纹时，切削起点与切削终点的半径差。计算方法同 G90 指令中的 R 值。

（3）运行轨迹。如图 11-1 所示，刀具从循环起点 A 沿 X 向快速移至切削起点 B，然后按 F 给定的导程值切削螺纹至切削终点 C，X 向快速退刀至 D 点，最后快速返回循环起点 A。

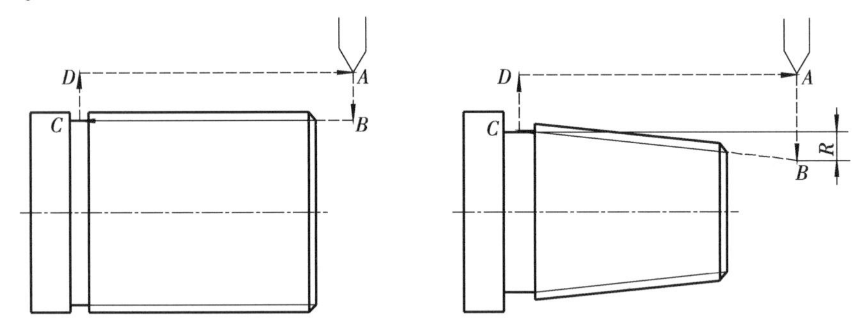

图 11-1　G92 指令运行轨迹图

4. 复合固定循环切削螺纹指令

（1）指令格式：

G76　P(m)(r)(α)　Q(Δdmin)　R(d)

G76　X(U)_Z(W)_R(i)　P(k)　Q(Δd)　F_

（2）参数含义。m 为精加工循环次数（01～99）。

r 为螺纹退尾的 Z 向距离，单位为 0.1S（S 为导程），范围 00～99。

α 为刀尖角度，可选择 80°、60°、55°、30°、29°、0°中的一种。

m、r 和 α 用地址 P 同时指定。

Δdmin 为最小切深，用不带小数点的半径值表示。

d 为精加工余量，用带小数点的半径值表示。

X(U)_Z(W)_为螺纹切削终点处坐标。

i 为螺纹切削起点与切削终点半径差。$i=0$，则可进行圆柱螺纹切削。

k 为牙型编程高度，用不带小数点的半径值表示。

Δd 为第一刀切削深度，用不带小数点的半径值表示。

F _ 为导程。

①由地址 P、Q 和 R 指定的数值的意义取决于 X（或 U）和 Z（或 W）的存在。

②由 X（或 U）和 Z（或 W）的 G76 指令执行循环加工。

③螺纹切削的注释与 G32 螺纹切削和 G92 螺纹切削循环的注释相同。

④倒角值对于 G92 螺纹切削循环也有效。

⑤在螺纹切削复合循环（G76）加工中，按下进给暂停按钮时，就跟螺纹切削循环终点的倒角一样，刀具立即快速退回，刀具返回到该循环的起始点。当按下循环启动按钮时，螺纹切削恢复。

⑥对于多头螺纹的加工，可将螺纹加工起点的 Z 轴方向坐标偏移一个螺距（或多个螺距）。

（3）运行轨迹。如图 11-2 所示，刀具从循环起点 A 处快速沿 X 向进给至切削点 B 处，然后沿与基本牙型一侧平行的方向进给 X 向切深 Δd，再以螺纹切削方式切削至离 Z 向终点距离为 r 时，倒角退刀至 Z 向终点，再 X 向快退至 E 点，返回 A 点，如此循环，直至完成整个螺纹切削过程，其进刀方式为斜进刀，减小了切削阻力，提高刀具寿命，利于保证加工精度。

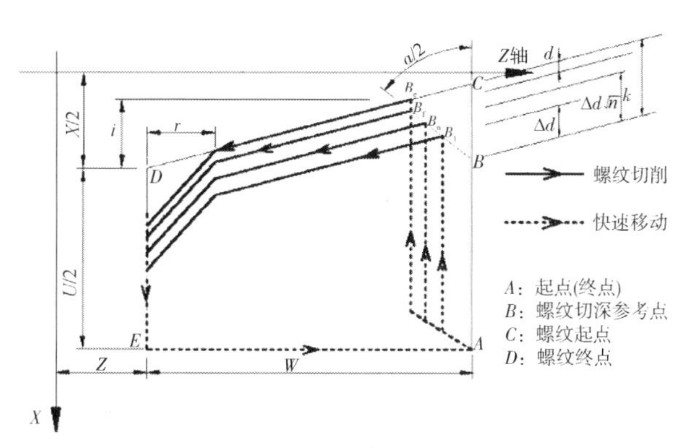

图 11-2　G76 指令运行轨迹图

知识回顾

螺纹加工与测量

螺纹切削一般有两种进刀方式：图 11-3（a）所示为直进法；另一种为斜进法，如图 11-3（b）所示。当螺纹牙型深度、螺距较大时，可分次数进给。切深的分配方法有常量式和递减式。

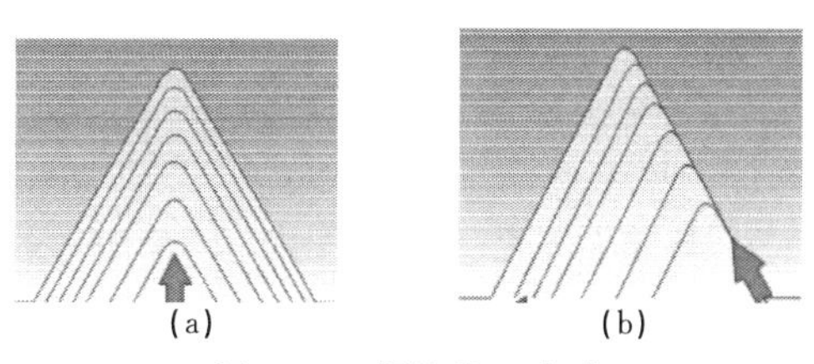

(a)　(b)

图 11-3　螺纹进刀方式

(a) 直进法；(b) 斜进法

（1）直进法加工螺纹时，每次车削只有 X 向进刀，螺纹车刀的左右切削刃同时参与切削的方法称为直进法，直进法编程比较简单，可以获得比较正确的牙型，常用于螺距 P 小于 2 和脆性材料的螺纹加工。

（2）车削螺距较大的螺纹时，由于螺纹牙槽较深，为了粗车顺利，采用两轴同时进给的方法，称为斜进法。

直进法车螺纹是两切削刃同时切削，左右切削法与斜进法车螺纹则是单刃切削，车削中不易扎刀，且可获得较小的表面粗糙度值。

螺纹车削注意事项

（1）一般切削螺纹时，从粗车到精车，是按照同样的螺距进行的。当安装在主轴上的位置编码器检测出第一转信号后，便开始切削，因此，即使很多次切削，工件圆周上的切削起点仍保持不变。但是从粗车到精车，主轴的转速必须是一定的，当主轴转速变化时，螺纹切削会产生乱牙现象。

（2）一般由于伺服系统的滞后，在螺纹切削的开始和结束部分，螺纹导程会出现不规则现象。为了考虑这部分的螺纹精度，在数控车床上切削螺纹时必须设置升速进刀段和降速退刀段。因此加工螺纹的实际长度除了螺纹有效长度 L 外，还应该包括升速段和降速段的长度，其数值与工件的螺距和转速有关，由各系统设定，一般大于一个导程。

三角螺纹的测量方法

螺纹的中径、螺距和牙型半角（牙侧角）可以采用单项测量，也可以采用综合测量。前者是用各种测量器具分别检测中径、螺距和牙型半角的误差并判定其合格性；后者是用螺纹量规检查螺纹的作用中径、综合判定中径、螺距和牙型半角误差的合格性。各种工具螺纹多用单项测量，产品螺纹则多用综合测量。

图 11-4　螺纹环规

1. 综合测量法

如图 11-4 所示，采用标准螺纹环规检测螺纹尺寸是否符合要求。螺纹环规分为通规和止规，测量时要求通规能旋进、止规不能旋进即为合格。

2. 螺纹千分尺测量螺纹中径

螺纹千分尺主要用于测量中等精度螺纹的中径。其基本结构和使用方法与外径千分尺相似，区别仅在于螺纹千分尺的活动量杆与固定量杆的端部各有一小孔，可以分别安装圆锥形和棱形的可换测量头，如图 11-5 所示。一对测量头只适用于一定的螺距和中径范围。为了适应测量不同螺距的螺纹的需要，螺纹千分尺附有一套可换测量头，并附有一个调整千分尺零位用的调整量棒。

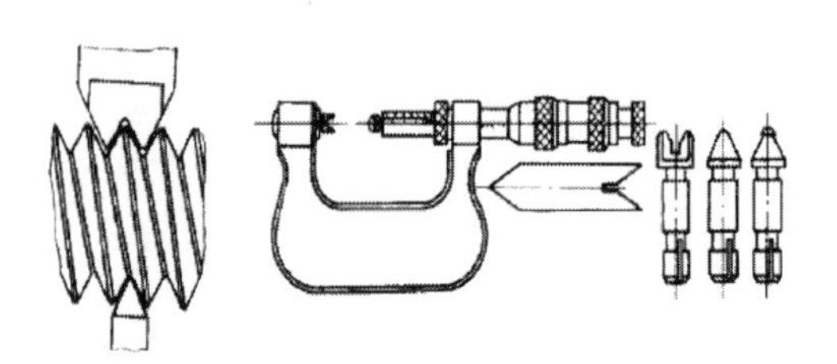

图 11-5　螺纹千分尺测量螺纹中径

3. 三针测量外螺纹中径

三针法是精密测量外螺纹中径的最常用的方法，它是用三根直径相等、高精度的圆柱（通称“量针”）放进被测螺纹对径位置上的三个牙槽内（图 11-6），再用与被测螺纹精度相适应的长度量仪，测量量针外侧表面间的距离 M，算出被测螺纹的实际中径。

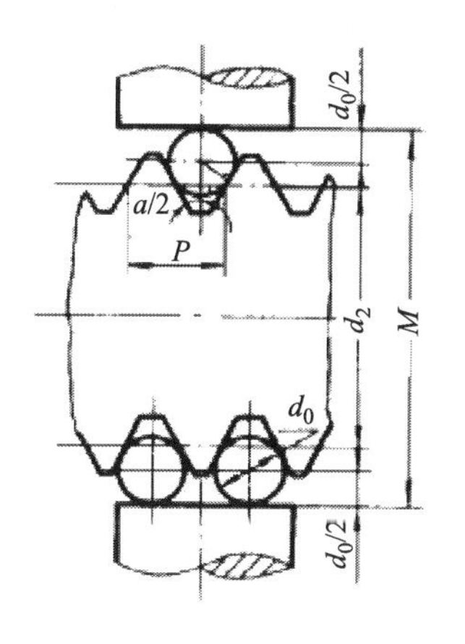

图 11-6　三针法测量螺纹中径

1）基本计算公式

用三针测量螺纹中径属间接测量法，M 值与中径 d_2 及有关参数间的关系为

$$M=d_2+d_0\left(1+\frac{1}{\sin\frac{a}{2}}\right)-\frac{P}{2}\cot\frac{a}{2}$$

$$d_2=M-d_0\left(1+\frac{1}{\sin\frac{a}{2}}\right)-\frac{P}{2}\cot\frac{a}{2}$$

其中，d_0 为量针直径。

在实际应用中，可以将测得值 M 与其极限值比较以确定螺纹中径的合格性，也可以按公式算出中径 d_2，再与极限中径比较确定其合格性。

不同类型螺纹的中径计算公式列于表 11-2 中。

表 11-2　各种螺纹的中径计算公式

螺　纹　类　型	牙　型　角	中径计算公式
普通螺纹	60°	$d_2=M-(3d_0-0.866P)$
英制普通螺纹	55°	$d_2=M-(3.1657d_0-0.9605P)$
梯形螺纹	30°	$d_2=M-(4.8637d_0-1.866P)$
模数梯形螺纹	40°	$d_2=M-(3.9238d_0-4.31576m)$

2）量针直径和精度的选择

用三针法测量螺纹中径，应正确选择量针的直径及其精度。为了避免被测螺纹的牙型半角误差对测量结果的影响，应使量针与牙型侧面在被测螺纹中径母线处相切，满足这一条件的量针直径称为“最佳针径”，可按下式计算：

$$d_0=P/2\cos\ (a/2)$$

实际只要量针与牙型侧面的切点在中径圆柱母线上、下各 $H/8$ 的范围内（图 11-7），牙型半角误差的影响即可忽略不计。

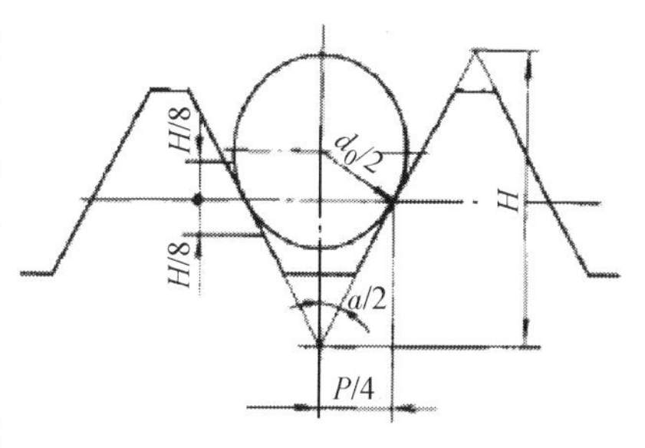

图 11-7　量针与牙型侧面的切点位置

最佳量针直径的简化算式列于表 11-3 中。

表 11-3　最佳量针直径

普通螺纹	普通英制螺纹	梯形螺纹	模数螺纹
0.57735P	0.56370P	0.51765P	1.67161m

工作任务

完成图 11-8 所示零件的编程加工。

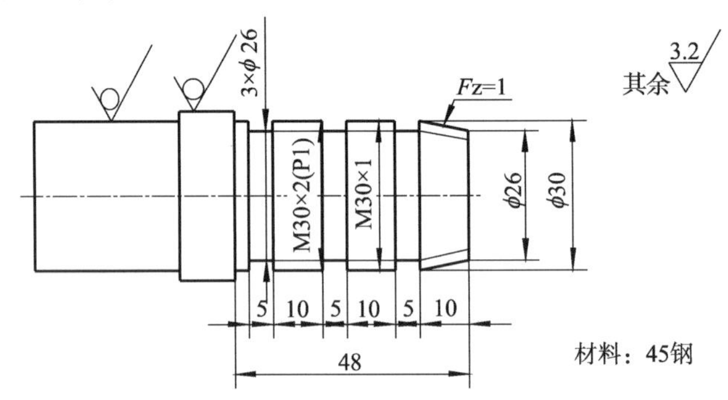

图 11-8　螺纹加工零件任务图

任务准备

（1）图样分析。如图 11-8 所示，该工件有锥螺纹、双头螺纹、单位头螺纹，加上三个退刀槽，形状简单，主要是练习螺纹加工指令的用法。

（2）编程示例：

```
O0090
N10   T0101                              选择外圆车刀
N20   G00  X44  Z1  M03  S600
N30   G90  X37  Z－48  F180
N40   X31                                粗车外圆
N50   G01  X25.87  Z0  S1000  F100
N60   X29.87  Z－10
N65   Z－48
N70   X35                                精车外圆到尺寸
N80   G00  X100  Z100
N90   T0202  S600  F40                   换切槽刀（刀宽 5mm）
N100  G00  X32  Z－15
```

```
N110  G01  X26                                      ┐
N120  X32                                           │
N130  G00  Z-30                                     │
N140  G01  X26                                      ├车 3 个退刀槽到尺寸
N145  X32                                           │
N150  G00  Z-45                                     │
N160  G01  X26                                      ┘
N170  X32
N180  G00  X100  Z100
N190  T0303                                          换螺纹车刀
N200  G00  X32  Z5.5
N210  G76  P021060  Q100  R0.1
N220  G76  X31.87  Z-15  P650  Q300  F1.0  R-4     用 G76 指令
                                                      循环车削锥螺纹
N230  G00  Z-12.5
N240  G92  X29.2  Z-27.5  F1
N250  X28.8
N260  X28.7                                          用 G92 指令车单线
                                                     螺纹
N270  G00  Z-26.5
N280  X29.2                                         ┐
N290  G32  Z-42.5  F2                               │
N300  G00  X32                                      │
N310  Z-26.5                                        ├车双线螺纹的第一条螺旋线
N320  X28.8                                         │
N330  G32  Z-42.5  F2                               │
N340  G00  X32                                      ┘
N350  Z-26.5
N360  X28.7
N370  G32  Z-42.5  F2
N380  G00  X32
N390  Z-27.5
```

```
N400  X29.2                      ⎫
N410  G32  Z-42.5  F2            ⎪
N420  G00  X32                   ⎪
N430  Z-27.5                     ⎪
N440  X28.8                      ⎪
N450  G32  Z-42.5  F2            ⎪
N460  G00  X32                   ⎬ 轴向偏移一个螺距车第二条螺旋线
N470  Z-27.5                     ⎪
N480  X28.7                      ⎪
N490  G32  Z-42.5  F2            ⎪
N500  G00  X32                   ⎪
N510  G00  X100  Z100            ⎭
N520  M30                          程序结束
```

任务实施

程序校验（用图形显示功能）自动加工。

任务测评

分析零件加工质量及其原因，见表 11-4。

表 11-4　螺纹加工误差分析

问题现象	产生原因	预防和消除
切削过程出现振动	1. 工件装夹不正确 2. 刀具安装不正确 3. 切削参数不正确	1. 检查工件安装，增加安装刚性 2. 调整刀具安装位置 3. 提高或降低切削速度
螺纹牙顶呈刀口状	1. 刀具角度选择错误 2. 螺纹外径尺寸过大 3. 螺纹切削过深	1. 选择正确的刀具 2. 检查并选择合适的工件外径尺寸 3. 减小螺纹切削深度
螺纹牙型过平	1. 刀具中心错误 2. 螺纹切削深度不够 3. 刀具牙型角度过小 4. 螺纹外径尺寸过小	1. 选择合适刀具角度并调整刀具中心高 2. 计算并增加切削深度 3. 适当增大牙型角 4. 检查并选择合适的工件外径尺寸
螺纹牙型底部圆弧过大	1. 刀具选择错误 2. 刀具磨损严重	1. 选择正确的刀具 2. 重新刃磨或更换刀片

续表

问题现象	产生原因	预防和消除
螺纹牙型底部过宽	1. 刀具选择错误 2. 刀具磨损严重 3. 螺纹有乱牙现象	1. 选择正确的刀具 2. 重新刃磨或更换刀片 3. 检查程序中有无导致乱牙的原因 4. 检查编码器是否松动或损坏 5. 检查 Z 轴丝杠是否窜动
螺纹牙型半角不对	刀具安装角度不正确	调整刀具安装角度
螺纹表面质量差	1. 切削速度过低或刀尖产生积屑瘤 2. 刀具中心过高 3. 切屑控制较差 4. 切削液选用不合理	1. 调高主轴转速，避免中速切削 2. 调整刀具中心高度 3. 选择合理的进刀方式及切深 4. 选择合理的切削液并充分喷注
螺距误差	1. 伺服系统滞后效应 2. 加工程序不正确	1. 增加螺纹切削升降速段的长度 2. 检查、修改加工程序

巩固提高

1. 写出 G32、G34、G92 指令的格式及各参数含义。

2. 写出 G76 指令的格式及各参数含义。

3. 图示说明 G76 指令的运行轨迹。

4. 加工螺纹时，第一刀的切削深度是如何选定的？

5. 谈谈螺纹车刀的刀尖圆弧半径对加工质量的影响。

6. 编制图 11-9 所示零件的加工程序。

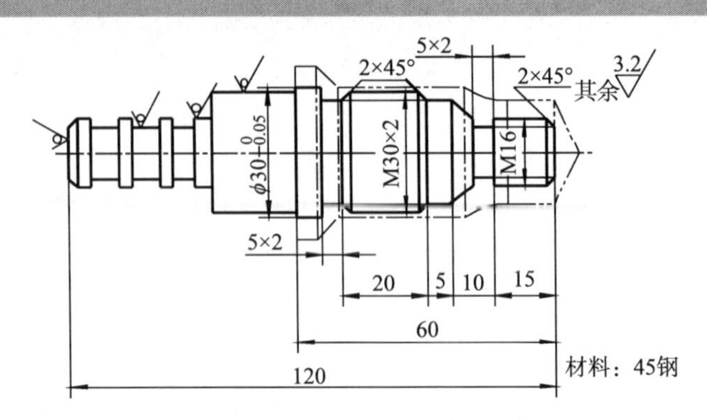

图 11-9　螺纹件编程加工练习图（任务十中练习件掉头）

表 11-5　螺纹零件编程加工练习件评分表

班级		姓名		工件编号	得分	
检查项目	序号	技术要求	配分/分	评分标准	检测记录	得分/分
工件加工	1	$\phi30_{-0.05}^{0}$外圆尺寸正确	5	每多超 0.01mm 扣 2 分		
	2	槽宽 6 尺寸正确	5	超差 0.1mm 以上，每多超 0.01mm 扣 2 分		
	3	槽宽 5 尺寸正确	10			
	4	M30×3 合格	10	不合格全扣		
	5	ZM28×2 合格	10	不合格全扣		
	6	其他尺寸正确	10	一处错误扣 2 分		
	7	表面粗糙度合格	10	一处不合格扣 3 分		
程序编制	8	程序内容、格式正确	20	一处错误扣 2 分		
	9	加工工艺合理	10	一处不合理扣 5 分		
机床操作	10	对刀操作正确	5	每错一处扣 5 分		
	11	面板操作正确	5	每错一处扣 2 分		
文明生产	12	遵守安全操作规程	倒扣	一处不合格倒扣 5 分		
	13	维护保养符合要求				
	14	工作场所整理达标				

任务十二　典型零件加工

学习目标

能够掌握图样分析的基本方法和粗精基准的选择原则。

能够掌握制定加工工艺方案的原则和方法。

能够编程加工典型工件，巩固编程基本指令的应用能力。

相关知识

1. 分析零件图样

（1）尺寸分析包括尺寸链的计算、基点和节点的计算等。其根本目的是给出编程所需要的所有基本尺寸。

（2）精度及技术要求分析主要包括对尺寸公差要求、表面粗糙度要求、材料和热处理要求、毛坯要求、件数要求的分析等。与之相对应的，我们要制定能够保证这些要求的工艺措施。

2. 制定加工方案

制定加工方案主要包括划分加工阶段、制定加工顺序、定位基准的选择、切削用量的选择等。

1）加工阶段的划分

（1）粗加工阶段。其主要任务就是切除毛坯上大部分多余的材料，使毛坯在形状和尺寸上更接近零件成品，主要目标是快速去除余量。

（2）半精加工阶段。其任务是使主要表面达到一定的精度，并留有一定的均匀的精加工余量，为主要表面的精加工做好准备，并可完成一些次要表面的最终加工工作。

（3）精加工阶段。其任务是保证主要表面达到规定的尺寸精度、形位精度、表面粗糙度等。主要目标就是全面保证加工质量。

（4）精密加工（光整加工）阶段。其任务是提高尺寸精度（IT6 级以上），减小表面粗糙度（$Ra0.2\mu m$ 以下）。

2）制定加工顺序的一般原则

（1）基准先行原则。用作精基准的表面应优先加工出来，如果定位基准不准确，将会加大装夹误差。

（2）先粗后精原则。各个表面的加工顺序按照粗加工→半精加工→精加工→精密加工的顺序依次进行，逐步提高表面的加工精度和减小表面粗糙度。

（3）先主后次原则。零件的主要工作表面、装配基准面应先加工，次要表面可穿插进行，放在主要表面加工到一定程度后，最终精加工之前进行。

（4）先近后远原则。按照离刀架远近的先后顺序进行加工，可以缩短刀具移动距离，减少空行程时间，还有利于保持工件的刚性。

（5）走刀路线最短原则。主要是确定粗加工及空行程的走刀路线，在保证加工质量的前提下，使加工程序具有最短的走刀路线，以节省时间、减少刀具和机床的磨损等。

3）定位基准的选择

（1）粗基准的选择。粗基准主要影响不加工表面和加工表面之间的相互位置精度，以及加工表面的余量分配等。其选择原则如下：

①相互位置要求原则选择与几个表面相互位置精度要求较高的不加工表面作为粗基准，以保证两者的位置要求。

②当加工表面与非加工表面有位置精度要求时，应选择不加工表面为粗基准。

③对所有表面都需要加工的工件，应该根据加工余量最小的表面找正。

④应选择强度和刚性好的相对比较光滑的表面为粗基准。

⑤粗基准不能重复使用。

（2）精基准的选择原则。

①基准统一原则。在同一零件的多个工序中，尽可能用同一组定位基准。

②自为基准原则。有些精加工或精密加工工序要求余量少且均匀，此时，应尽量选择其本身作为定位基准，但这样不能提高零件的位置精度。

③互为基准原则。当两个加工表面的相互位置精度以及它们本身尺寸和形状精度都要求较高时，可采用互为基准的原则，反复多次加工，以保证其精度要求。

④便于装夹原则。就是保证工件定位准确、稳定，装夹方便、可靠，夹具结构简单、适用，操作方便、灵活。

4）切削用量的选择

（1）粗加工时切削用量的选择原则。首先，选择尽可能大的背吃刀量；其次，根据机床动力和刚度等因素，选择尽可能大的进给量；最后，根据刀具的耐用度等因素选择最佳切削速度。

（2）精加工时切削用量的选择。首先，根据余量确定背吃刀量；其次，根据表面粗糙度要求，选择合适的进给量；最后，在保证刀具耐用度的前提下，尽可能地选择较高的切削速度。

孔的测量

孔径尺寸的测量，应根据工件孔径尺寸的大小、精度以及工件的数量，采用相应的量具进行。当孔的精度要求较低时，可采用钢直尺、游标卡尺测量；当孔的精度要求较高时，可采用下列方法测量。

1. 用塞规检测

塞规由通端、止端和手柄组成，如图 12-1 所示，测量方便、效率高，主要用在成批生产中。塞规的通端尺寸等于孔的最小极限尺寸，止端尺寸等于孔的最大极限尺寸。测量时，通端能塞入孔内，止端不能塞入孔内，则说明孔径尺寸合格，如图 12-2 所示。

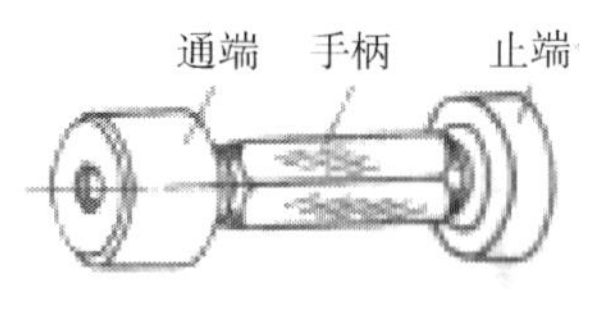

图 12-1　塞规

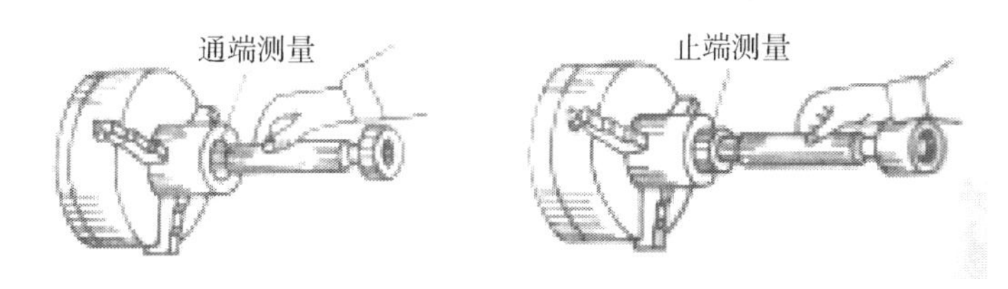

图 12-2　塞规测量方法

塞规通端的长度比止端的长度长，一方面便于修磨通端以延长塞规的使用寿命，另一方面便于区分通端和止端。

测量盲孔用的塞规，应在通端和止端的圆柱面上沿轴向开排气槽。

2. 用内径千分尺测量

内径千分尺由测微头和各种规格的接长杆组成，如图 12-3 所示。内径千分尺的读数方法与外径千分尺相同，但由于无测力装置，因此测量的误差较大。

用内径千分尺测量孔径时，必须使其轴线位于径向，且垂直于孔的轴线，如图 12-4所示。

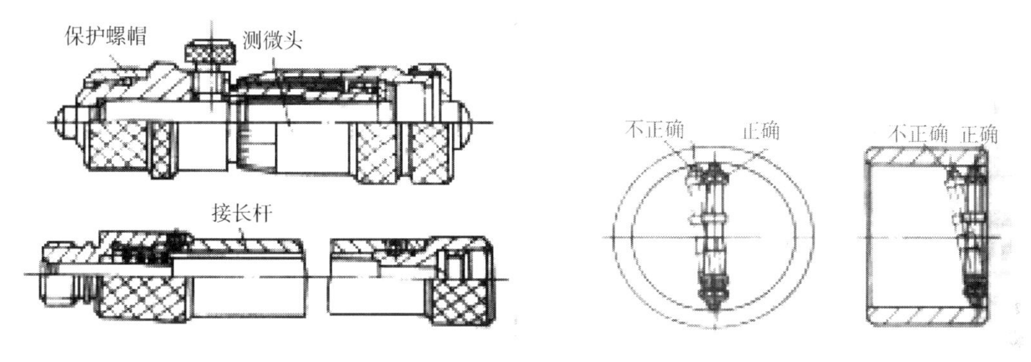

图 12-3　内径千分尺　　图 12-4　内径千分尺使用方法

内径千分尺还有多种形式，其中有代表性的三爪内径千分尺，如图 12-5 所示，由于该千分尺为三点自动定心，所以测量比较稳定，示值 0.005mm。

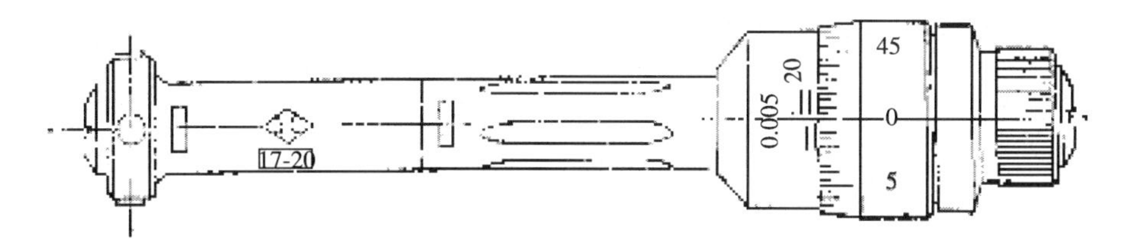

图 12-5　三爪内径千分尺

3. 内测千分尺

内测千分尺的刻线方向与外径千分尺相反，分度值为 0.01mm。内测千分尺的使用方法与使用游标卡尺的内外测量爪测量内径尺寸的方法相同（图 12-6）。

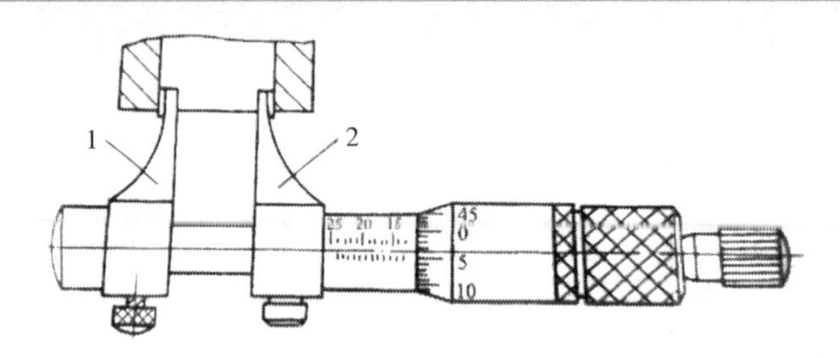

图 12-6　内测千分尺的使用

1—固定量爪；2—活动量爪

4. 内径百分表测量

百分表结构如图 12-7 所示，百分表安装在测架 1 上，触头（活动测量头）6 通过摆动块 7、杆 3，将测量值 1∶1 传递给百分表。测量头 5 可根据被测孔径大小更换。定心器 4 用于使触头自动位于被测孔的直径位置。

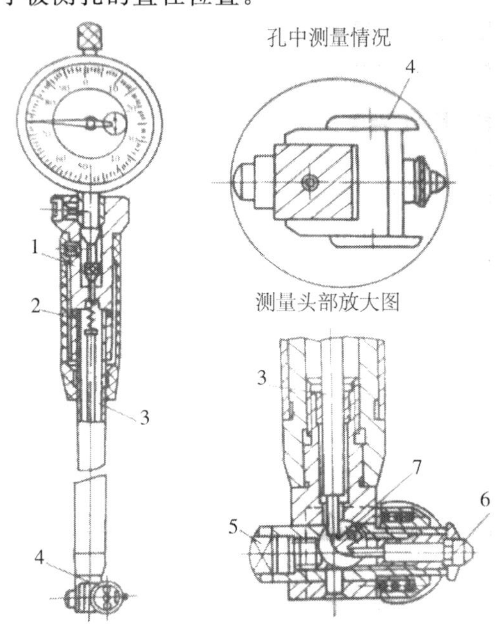

图 12-7　内径百分表

1—测架；2—弹簧；3—杆；4—定心器；5—测量头；6—触头；7—摆动块

内径百分表是利用对比法测量孔径的，测量前应根据被测孔径用千分尺将百分表对准零位。测量时，为得到准确的尺寸，活动测量头应在径向摆动并找到最大值，在轴向摆动并找到最小值（两值应重合一致），这个值即为孔径基本尺寸的偏差值，并由此计算出孔径的实际尺寸，如图 12-8 所示。内径百分表的指针摆动读数，刻度盘上每一格为 0.01mm，盘上刻有 100 格，即指针每转一圈为 1mm。

内径百分表适合用于精度要求较高、深度较深的孔的测量。

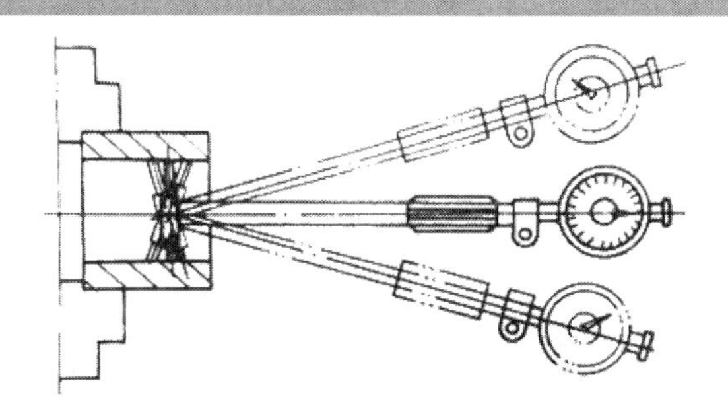

图 12-8　内径百分表测量方法

工作任务

完成图 12-9 所示零件的编程加工。

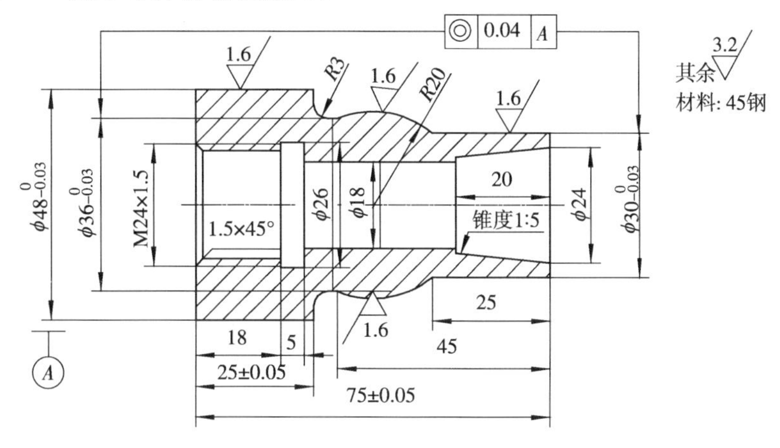

图 12-9　综合练习零件加工任务图

任务准备

1. 加工工艺分析

1）图样分析

（1）尺寸精度分析。外圆$\phi48_{-0.03}^{\ 0}$、$\phi36_{-0.03}^{\ 0}$、$\phi30_{-0.03}^{\ 0}$偏差要求较小，编程时取中值。内锥面的小端直径值需要计算，$d=24-1/5\times20=20$。内螺纹孔径需要计算，$D=24-1.5=22.5$。尺寸精度主要靠精准的对刀和合理的加工工艺来保证。

（2）形状精度。本件的形状精度有：锥度 1∶5、外圆 $\phi36$ 和 $\phi30$ 的轴线对 $\phi48$ 基准轴线 A 的同轴度公差为 $\phi0.04$。这些主要靠机床本身的精度和合理的工艺来保证。

（3）表面粗糙度。外表面的粗糙度要求为 $Ra1.6\mu m$ 以下，内孔、端面、螺纹、切槽等表面的粗糙度要求为 $Ra3.2\mu m$ 以下。对表面粗糙度的要求，主要靠正确的工艺路线、合理的切削用量、适合的刀具几何参数等措施来保证。

2）制定加工方案

（1）确定编程原点。工件的编程原点取在加工时工件右端面与主轴轴线的交点。

（2）制定加工工艺。该零件的下料长度为80mm，采用两次装夹完成粗精加工。首先，夹持右端外圆，车$\phi48$部分外圆，加工左端内孔、内孔槽、内螺纹；而后，掉头夹持$\phi48$部分，找正，车削右端面，并保证总长，车削右端外圆轮廓、内锥面。

（3）填写数控加工工艺卡，见表12-1。

表12-1　数控加工工艺卡

牡丹江技师学院 数控实训中心		数控加工 工艺卡片	产品代号	零件名称	零件图号	
				综合件	图11	
工艺序号	程序编号	夹具名称	夹具编号	使用设备	车间	
5	O0111，O0112	三爪卡盘		CKA6132		
工步号	工步内容	刀具号	刀具规格	主轴转速/（r/min）	进给速度/（mm/min）	背吃刀量/mm
1	手动车削外圆、端面，对刀				50	0.5
2	手动钻通孔		$\phi17.5$钻头	400	50	
3	粗车$\phi48$外圆	T0101	93°外圆粗车刀	700	200	0.85
4	精车$\phi48$外圆	T0202	93°外圆精车刀	1000	50	0.15
5	粗车$\phi22.5$内孔	T0303	内孔车刀	500	100	0.5
6	精车$\phi22.5$内孔	T0303	内孔车刀	1000	50	0.15
7	车内螺纹退刀槽	T0404	内孔槽刀（宽5）	500	50	5
8	车内螺纹	T0505	内螺纹车刀	500	750	分层
9	掉头，找正，对刀					
10	粗车右端外圆轮廓	T0101	93°外圆粗车刀	700	150	1
11	精车右端外圆轮廓	T0202	93°外圆精车刀	1200	80	0.15
12	粗车右端内孔轮廓	T0303	内孔车刀	500	100	0.5
13	精车右端内孔轮廓	T0303	内孔车刀	1000	50	0.15
编制		审核		批准		年　月　日

2. 程序示例

```
O0111                              左端加工程序
N10  T0101                         外圆粗车刀
N20  G00  X51  Z1  M03  S700       快速定位到起刀点
N30  G90  X48.3  Z-30  F200        粗车外圆
N40  G00  X100  Z200
N50  T0202                         换外圆精车刀
```

```
N60   G00   X51   Z1
N70   G90   X48   Z-30   F50   S1000                精车φ48外圆
N80   G00   X100   Z200
N90   T0303                                          换内孔车刀
N100   G00   X16   Z1
N110   G71   U1.0   R0.3
N120   G71   P130   Q170   U-0.3   W0   F100        粗车左端内孔
N130   G01   X25.5   F50   S1000                    ┐
N140   Z0                                            ├ 精加工轨迹描述
N150   X22.5   Z-1.5                                 ┘
N160   Z-23
N170   X16
N180   G70   P130   Q170                             精车内孔
N190   G00   X100   Z200
N200   T0404                                         换内孔槽刀
N210   G00   X20   Z1   S500                         ┐
N220   Z-23                                          ├ 加工内孔槽
N230   G01   X26   F50                               │
N240   X20                                           ┘
N250   G00   Z1
N260   G00   X100   Z200
N270   T0505                                         换内螺纹刀
N280   G00   X22   Z5
N290   G76   P020560   Q50   R-0.08
N300   G76   X24   Z-20   P975   Q500   F1.5        车削内螺纹
N310   G00   X100   Z200
N320   M30                                           左端加工程序结束

O0112                                                右端加工程序
N10   T0101
N20   G42   G00   X50   Z1   M03   S700
N30   G73   U20   W0   R10
N40   G73   P50   Q100   U0.3   W0   F150           粗车外圆轮廓
N50   G01   X30   F80   S1200
N60   Z-25                                           ┐
N70   G03   X36   Z-45   R20                         │
N80   G01   Z-47                                     ├ 精车轨迹描述
N90   G02   X42   Z-50   R3                          │
N100   G01   X50                                     ┘
N110   G40   G00   X100   Z200
N120   T0202
```

```
N130  G42  G00  X50  Z1
N140  G70  P50  Q100                              精车外圆轮廓
N150  G40  G00  X100  Z200
N160  T0303
N170  G41  G00  X16  Z1  S500
N180  G71  U1.0  R0.3
N190  G71  P200  Q230  U−0.3  W0  F100            粗车内锥面
N200  G01  X24  F50  S1000                        ⎫
N210  Z0                                          ⎬ 精加工轨迹描述
N220  X20  Z−20                                   ⎪
N230  X16                                         ⎭
N240  G70  P200  Q230                             精车内锥面
N250  G40  G00  X100  Z200
N260  M30                                         程序结束
```

任务实施

程序校验（用图形显示功能）自动加工。

任务测评

分析零件加工质量及其原因。

巩固提高

1. 加工阶段是如何划分的？各加工阶段的主要任务是什么？

2. 粗基准的选择原则有哪些？

3. 精基准的选择原则有哪些？

4. 谈谈制定零件加工方案的一般原则。

5. 下面给出了一些零件的图样（图 12-10～图 12-13），大家可以任选进行加工练习。

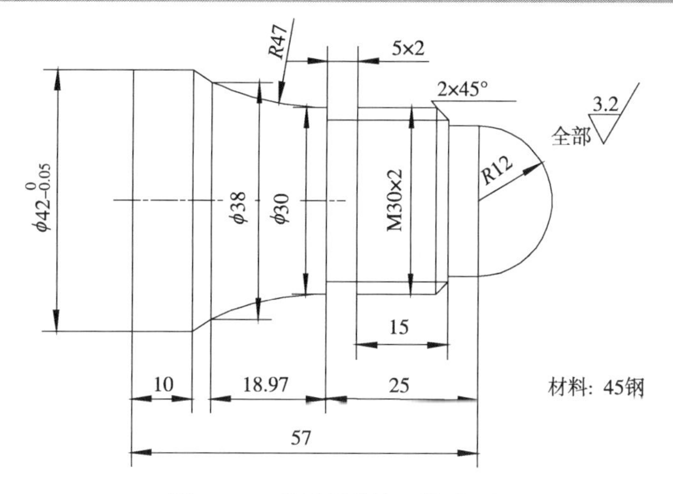

图 12-10 典型零件练习件（一）

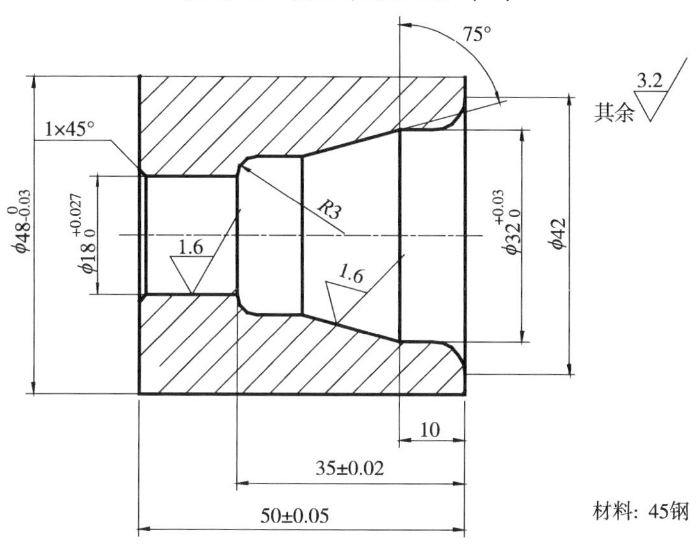

图 12-11 典型零件练习件（二）

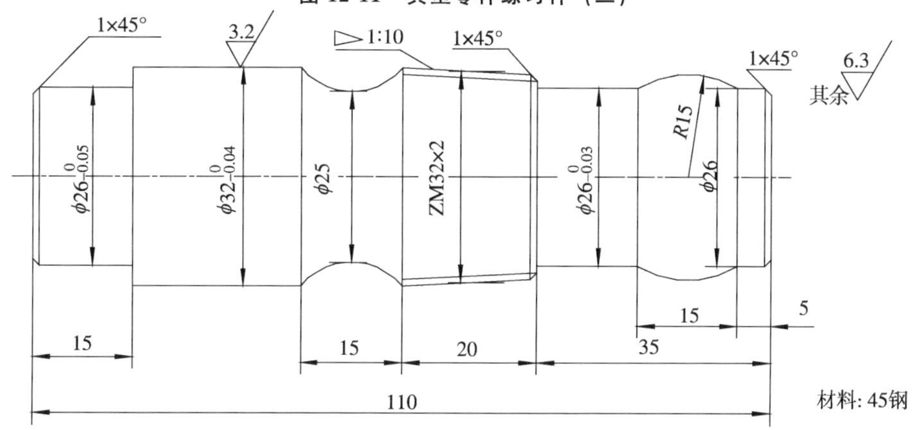

图 12-12 典型零件练习件（三）

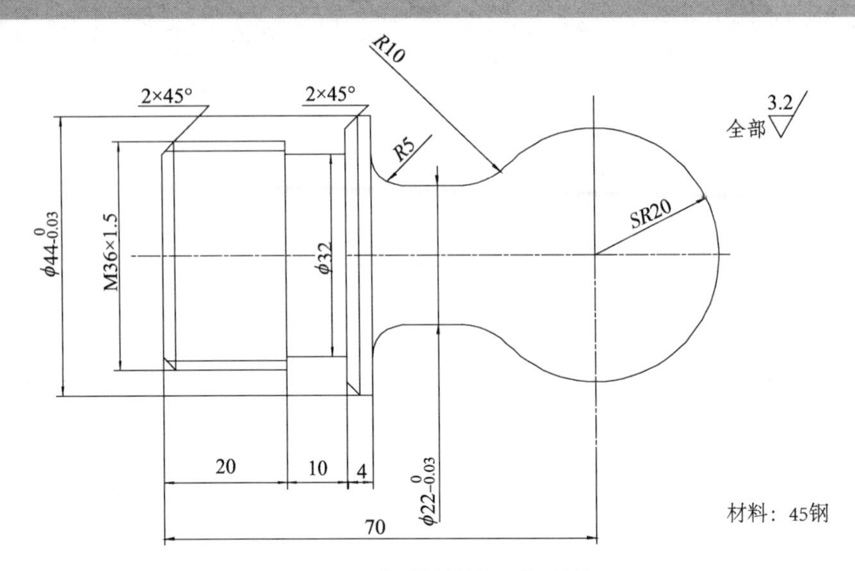

图 12-13　典型零件练习件（四）

项目四　非圆曲线加工

任务十三　宏程序应用基础

学习目标

能够了解宏程序编程原理。
能够掌握变量含义、运算方法及功能语句的含义。
能够应用功能语句编程加工圆锥工件。

相关知识

1. 变量

（1）定义：用可赋值的代号代替具体的数值，这个代号称为变量。

（2）表示方法：FANUC 系统变量用变量符号“＃”和后面的变量号表示，变量号可用数字或表达式表示，当用表达式时，要将表达式放在括号中，如＃1、＃［＃1＋＃2］、X［＃1＋＃2］、X＃［＃1＋＃2］等，以下几点需要注意。

①当在程序中定义变量值时，小数点及后面的零可省略。

②被引用变量的值根据地址的最小设定单位自动舍入，例如：＃1＝12.3456，当机床精度为 0.001 时，X＃1 的值为 12.346。

③负号要放在“＃?”前面，例如：G00　X－＃1。

④当变量未定义时为空变量，当引用空变量时，变量及地址字都被忽略，例如：＃1＝0，＃2 未定义，则程序段“G00　X＃1　Z＃2”的执行结果为“G00　X0”。

⑤变量“＃0”总是空变量，只能读不能写。

（3）变量的类型。

根据变量号可分为四种类型，见表 13-1。

说明：系统变量用于读和写 NC 内部数据，其变量号和含义在一个系统中是一一对应的，有些可以读和写，有些只能读。

例如：＃3002 是时间信息系统变量，该变量为一个定时器，当循环启动灯亮时，以 1h 为单位计时，它可以被读和写，如＃3002＝0 表示定时器清零，可以重新开始计时。

＃5041－＃5043 为位置信息的系统变量，表示包含刀具补偿值的当前位置。

例如：＃1＝＃5043　　　　表示将当前位置的 Z 坐标值赋给“＃1”
　　　G01　W-50　F0.1　　表示从当前位置（起点）做 Z 向切削 50mm 长
　　　G01　Z＃1　　　　　切削退回起点

表 13-1　变量的类型

变量号	变量类型	功　　能
＃0	空变量	该变量总是空，任何值都不能赋给该变量
＃1～＃33	局部变量	局部变量只能用在宏程序中存储数据，如运算结果。当断电时，局部变量被初始化为空。调用宏程序时，自变量对局部变量赋值
＃100～＃199 ＃500～＃999	公共变量	公共变量在不同的宏程序中的意义相同。当断电时，变量＃100～＃199 的数据化为空，变量＃500～＃999 的数据保存，不会丢失
＃1000 以上	系统变量	系统变量用于读写 CNC 运行时的各种数据，例如，刀具当前位置和补偿

更多具体的参数含义请阅读系统的说明书。

2. 变量的运算

(1) 表 13-2 中的运算可在本系统的变量中被执行，“＝”的用法是将其右侧的结果赋给左侧的变量。

表 13-2　变量的算术、逻辑运算和运算符

功　　能	格　　式	备　　注
定义	＃i＝＃j	将＃j 的值赋给＃i
加法 减法 乘法 除法	＃i＝＃j＋＃k; ＃i＝＃j－＃k: ＃i＝＃j＊＃k; ＃i＝＃i/＃k:	将＃j 与＃k 加、减、乘、除的结果赋给＃i
正弦 反正弦 余弦 反余弦 正切 反正切	＃i=SIN［＃j］; ＃i=ASIN［＃j］; ＃i=COS［＃j］; ＃i=ACOS［＃j］; ＃i=TAN［＃j］; ＃i=ATAN［＃j］/［＃k］;	角度以度指定。90°30′表示为 90.5°
平方根 绝对值 舍入 上取整 下取整 自然对数 指数函数	＃i=SQRT［＃j］; ＃i=ABS［＃j］; ＃i=ROUND［＃j］; ＃i=FUP［＃j］; ＃i=FIX［＃j］; ＃i=LN［＃j］; ＃i=EXP［＃j］;	
或异或与	＃i＝＃j OR＃k ＃i＝＃ jXOR＃k; ＃i＝＃J AND＃k;	逻辑运算一位一位地按二进制数执行
从 BCD 转为 BIN 从 BIN 转为 BCD	＃i=BIN［＃j］; ＃i=BCD［＃j］;	用于与 PMC 的信号交换

（2）运算符解析。

①上取整和下取整。当执行后产生整数的绝对值大于原数的绝对值时为上取整，若小于原数的绝对值为下取整。

例如：假定＃1=1.2，并且＃2＝ －1.2。

当执行＃3－FUP［＃1］时，2.0 赋给＃3。

当执行＃3＝FIX［＃1］时，1.0 赋给＃3。

当执行＃3＝FUP［＃2］时，－2.0 赋给＃3。

当执行＃3＝FIX［＃2］时，－1.0 赋给＃3。

②舍入。

a. 当算术运算或逻辑运算 IF 或 WHILE 中包含 ROUND 时，则在第一个小数位置四舍五入。

例如：当＃2＝1.2345 时，执行＃1＝RODND［＃2 ］时，结果为＃1＝1.0。

b. 当 NC 语句中使用 ROUND 时，根据地址的最小设定单位将指定值四舍五入。

例如：＃2＝ 1.2345（假定最小设定单位是 0.001）。

执行“G91G00　X－ ＃2”时，快速移动距离为 1.235mm。

③运算次序。按照优先的先后顺序依次是括号、函数、乘除、加减，括号最多可使用 5 级，且只能用方括号，圆括号用于注释。

3. 功能语句

数控程序的运行是按导入的顺序依次执行程序，要想改变其执行顺序，必须要通过一系列功能语句。

（1）无条件转移语句。GOTO　n；表示转移到顺序号为“n”的程序段继续运行。

例如：N10　G00 X50.0 Z10.0；

N20　G01 X45.0 F0.2；

N30　G01 Z0.0；

N40　GOTO 20；

表示执行 N40 程序段时，程序无条件转移到 N20 程序段继续运行。

（2）条件转移语句。

①IF［表达式］GOTO　n

表示如果指定的条件表达式满足时，转到标有顺序号“n”的程序段，如果不满足时，则执行下一个程序段。

＜条件式＞成立时，从顺序号为 n 的程序段以下执行；＜条件式＞不成立时，执行下一个程序段。

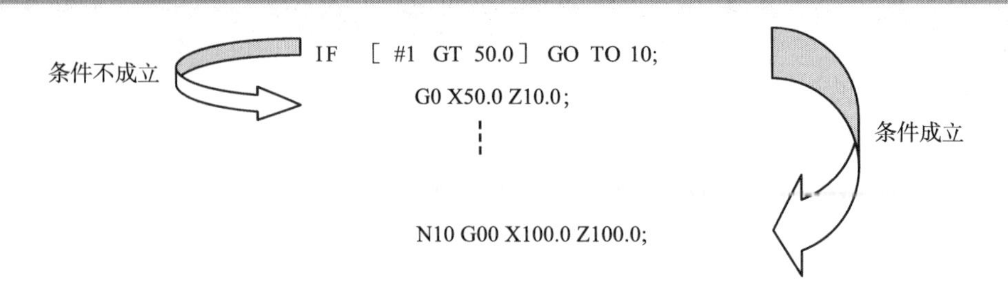

该语句中的条件表达式必须包括运算符，这个运算符插在两个变量或一个变量和一个常量之间，并且要用方括号封闭，常用＜条件式＞运算符见表 13-3。

表 13-3 常见的用于比较两个值大小的运算符

运 算 符	含 义	运 算 符	含 义
EQ	等于（＝）	GE	大于或等于（≥）
NE	不等于（≠）	LT	小于（＜）
GT	大于（＞）	LE	小于或等于（≤）

②IF［表达式］THEN（宏程序语句）

表示如果表达式满足时，则执行预先决定的宏程序语句，且只执行一个语句，表达式必须包括运算符。

例如：IF［＃1 EQ ＃2］THEN ＃3＝0

表示如果 ＃1 与 ＃2 值相等，则将 O 赋给＃3。

（3）循环功能语句。

①格式 WHILE ［表达式］ DO m （m＝1，2，3）……END m ……

表示当指定条件满足时，执行从 DO 到 END 之间的程序，否则转到 END 后的程序段。

②几点说明：

a. “m”值是指定程序执行范围的标号，可根据需要多次使用，但其值只能取 1、2、3。

b. DO 循环可嵌套 3 级，但范围不能交叉。

c. 循环语句中可以用条件转移语句，并可以转移到循环之外，但条件转移语句的目标语句不能进入循环内部。

4. 宏程序的含义

（1）定义：含有变量运算或功能语句的程序称为宏程序。也就是用一些变量代替一般程序中的常数值，这样就可以在程序中进行运算或应用一些功能语句，从而使可编程序的范围更大或用一个宏程序实现一类功能。

（2）分类。

①A 类宏程序：用 G65 作为宏指令专用代码，H 代码表示变量运算及功能语句的一类宏程序。

②B 类宏程序：直接对变量进行赋值和运算及使用功能语句的一类宏程序。

工作任务

完成图 13-1 所示零件的编程加工。

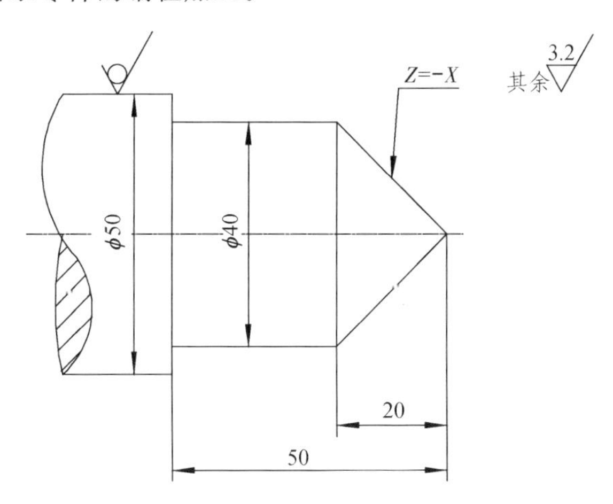

图 13-1　功能语句应用加工任务图（45 钢，φ50×100）

任务准备

（1）本例图形比较简单，主要学习变量及功能语句的含义及用法。

（2）程序示例：

O0130

N10　T0101　M03　S800

N20　G00　X50　Z1

N30　＃1＝48.5　　将 48.5 赋给变量 #1，作为变量的初值

N40　G90　X＃1　Z－50　F0.2　　以变量＃1 作为 G90 循环的 X 坐标值，Z 坐标值不变（－50）

N50　＃1＝＃1－2　　变量＃1 的值每次减去 2，作为新的＃1（G90 循环的 X 坐标值）

N60　IF［＃1 GE 40.5］　GOTO 40　　若新的＃1≥40.5，则执行 N40 程序段，以新的＃1 为 X 坐标

N70　G00　X40.5　　执行 G90 循环（其中 X 坐标值分别为 48.5、46.5、44.5、42.5、40.5）

N80　＃1＝18　　将 18 赋给变量＃1，作为变量的初值（＃1 表示 X 轴坐标值）

N90　＃2＝－＃1　　根据直线方程计算 Z 坐标值，用 ＃2 表示，（＃1，＃2）为该直线上的任意点坐标

N100　G90　X［2 * ＃1 ＋0.5］　Z＃2　　G90 循环的终点分别为（36.5，－18），（32.5，－16），（28.5，－14），（24.5，－12）

N110　＃1＝＃1－2　　X 轴等分间距为 2，（20.5，－10），（16.5，－8），（12.5，－6），（8.5，－4），（4.5，－2），（0.5，0）

N120　IF［＃1 GE 0］　GOTO 90　　如果每次减去 2 得到新的＃1 值大于等于 0，则返回 N90 程序段执行

```
N130  G00  X-2  S1200
N140  G01  X40  Z-20  F0.1          精加工轮廓
N150  Z-50
N160  X51
N170  G00  X100  Z100
N180  M30
```

任务实施

程序校验（用图形显示功能）自动加工。

任务测评

分析零件加工质量及其原因。

巩固提高

1. 何为变量？说出变量的类型和对应的功能。

2. A 类宏程序和 B 类宏程序是如何区分的？

3. 假设＃1＝1.2345，　＃2＝－1.2345，请写出下列各式的运算结果。

（1）＃3＝FUP［＃1］　（2）＃3＝FUP［＃2］　（3）＃3＝FLX［＃1］
（4）＃3＝FLX［＃2］

4. 条件转移语句有哪两种形式？它们的使用方法有何异同？

5. 写出循环功能语句的格式及用法。

6. 用变量和功能语句编程加工图 13-2 所示零件。

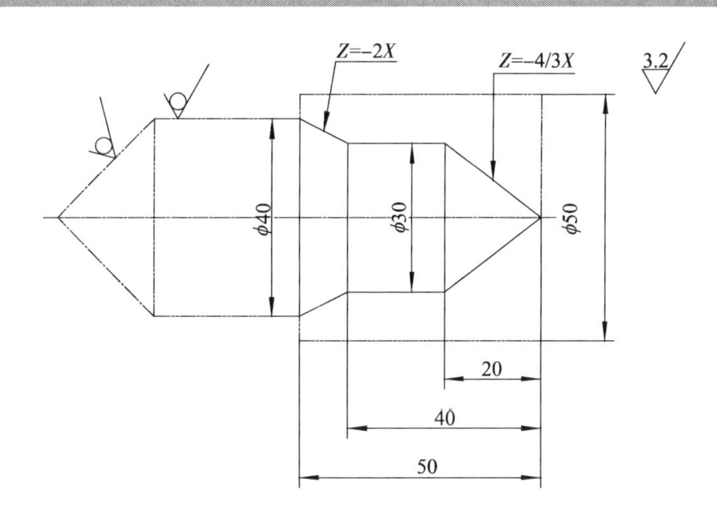

图 13-2　功能语句编程加工练习图（例题件掉头）

评价与分析

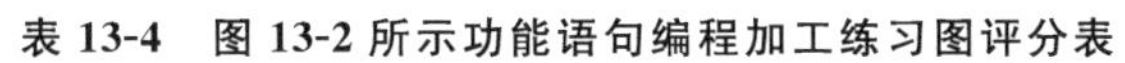

表 13-4　图 13-2 所示功能语句编程加工练习图评分表

班级		姓名		工件编号	得分	
检查项目	序号	技术要求	配分/分	评分标准	检测记录	得分/分
工件加工	1	φ40 外圆尺寸正确	5	超 0.1mm 以上 每多超 0.01mm 扣 2 分		
	2	φ30 外圆尺寸正确	5			
	3	其他尺寸正确	5	错一处扣 2 分		
	4	表面粗糙度合格	5	一处不合格扣 3 分		
	5	外形正确	5	不正确全扣		
程序编制	6	程序内容、格式正确	60	错一处扣 2 分		
	7	加工工艺合理	5	一处不合理扣 3 分		
机床操作	8	对刀操作正确	5	每错一处扣 5 分		
	9	面板操作正确	5	每错一处扣 2 分		
文明生产	10	遵守安全操作规程	倒扣	一处不合格倒扣 5 分		
	11	维护保养符合要求				
	12	工作场所整理达标				

任务十四　应用宏程序加工非圆曲线

学习目标

能够了解 A 类宏程序的应用方法。
能够掌握非圆曲线拟合的原理与方法。
能够应用宏程序加工带有非圆曲线轮廓的工件。

相关知识

1. 用户宏程序

当宏程序作为子程序使用时，称其为用户宏程序，其格式如下：

Oxxxx　　　　　　　　　开头
：：程序段
· M99　　　　　　　　　结尾

用户宏程序调用如下：

（1）M98 调用。同一般子程序调用格式一样，调用前要对需要赋值的变量赋值。

（2）G65 调用（非模态）。

格式：　G65　Pxxxx　Lxx　　变量地址

P 后面是宏程序号，L 后面为调用次数，默认为 1 次，自变量地址为用户使用系统提供的自定义地址号表达的变量值。地址号和变量号对应关系见表 14-1。

表 14-1　变量号和地址号对应关系

地址	变量号	地址	变量号	地址	变量号
A	#1	I	#4	T	#20
B	#2	J	#5	U	#21
C	#3	K	#6	V	#22
D	#7	M	#13	W	#23
E	#8	Q	#17	X	#24
F	#9	R	#18	Y	#25
H	#11	S	#19	Z	#26

如图 14-1 所示，这是一种常见的零件结构，包括圆弧插被切削和直线插被退刀，将其编成一个用户宏程序，在零件加工过程中，有相同结构的地方就可以调用了。

O1100
N10 #1= # 5043　　　　　系统变量，将 Z 轴当前位置（起点）的坐标值赋给 #1

N20　G02　Z#26　R#18　F#9　　从当前位置进行圆弧插补
N30　G01　Z#1　　　　　　　　直线退刀回起点
N40　M99　　　　　　　　　　　子程序结束，返回主程序

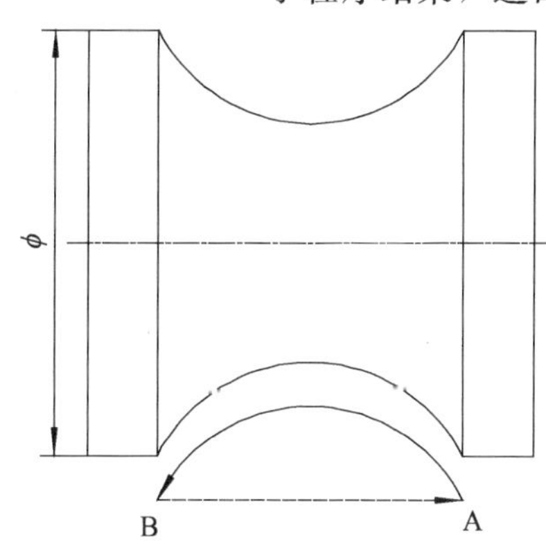

图 14-1　用户宏程序示例

在图 14-2 中，出现的结构与用户宏程序 O1100 描述的一致，就可以调用 O1100 。程序如下：

……
G01　X30　Z−10　F0.3　　　　　　切削进给至宏程序起点
G65　P1100　Z−30　R25　F0.2　　调用 O1100 并直接赋值。完成圆弧车削并直线退刀
……

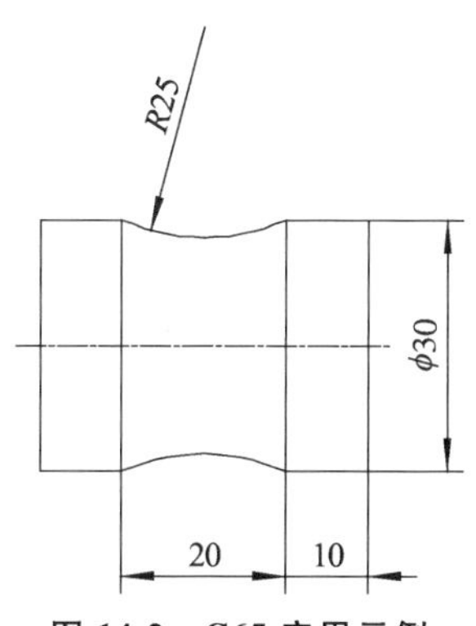

图 14-2　G65 应用示例

(3) 模态调用指令 G66。

格式：　G66　Pxxxx　Lxx　自变量地址

其参数含义同 G65，它表示一旦采用 G66 指令调用宏程序，则指定沿移动轴移动的程序段后，将调用宏程序，直到用 G67 指令取消模态调用。

如图 14-3 所示，该零件上有三个相同的槽，将切槽动作编成用户宏程序，然后调用三次即可。

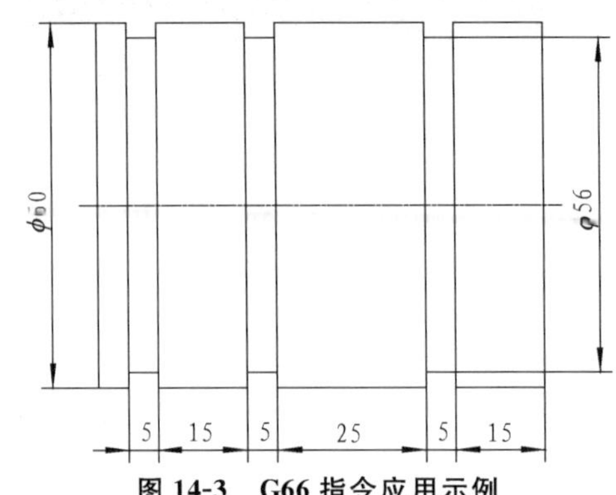

图 14-3　G66 指令应用示例

程序示例：

O0101	
N10　T0101	
N20　S600　M03	
N30　G66　P1120　U5　F0.1	模态调用子程序 O1120
N40　G00　X61　Z－20	定位、调用 O1120 切削第一个槽
N50　Z－50	定位、调用 O1120 切削第二个槽
N60　Z－80	定位、调用 O1120 切削第三个槽
N70　G67	取消模态调用指令
N80　G00　X100　Z100	
N90　M30	程序结束
O1120	用户宏程序
N10　G01　U－ ＃21　F ＃9	从当前位置沿 X 向按变量＃9 给定的值进刀变量＃21 的深度
N20　U ＃21	X 轴方向切削退回起点
N30　M99	子程序结束

（4）用 G 代码调用宏程序。与非模态调用（G65）用法相同，只是在参数中设置调用宏程序的 G 代码。

FANUC 系统在参数（№ 6050～6059）中设置调用用户宏程序（O9010～O9019）的 G 代码（1～9999）。

例如，将参数№6050 的值设定为 81，即可用 G81 指令调用用户宏程序 O9010。

参数号与宏程序号之间的对应关系见表 14-2。

表 14-2　参数号与宏程序号之间对应关系

程序号	参数号	程序号	参数号
O9010	6050	O9015	6055
O9011	6051	O9016	6056
O9012	6052	O9017	6057
O9013	6053	O9018	6058
O9014	6054	O9019	6059

同样，也可以参照上述方法，用 M 代码和 T 代码调用用户宏程序。

通过上述介绍，完全可以借助系统提供的二次开发功能定制出个性化的宏程序。常见结构的宏程序定制是有效提高编程效率的手段之一。

2. 拟合处理

当采用不具备非圆曲线插补功能的数控系统编程加工非圆曲线轮廓时，采用短直线或短圆弧去近似替代非圆曲线，这种处理方式称为拟合处理，对应的拟合方法则称为直线拟合法和圆弧拟合法，拟合线段中的交点或切点称为节点。

3. 常用拟合方法

（1）手工编程的常用直线拟合方法有弦线拟合法、切线拟合法、割线拟合法，如图 14-4 所示。

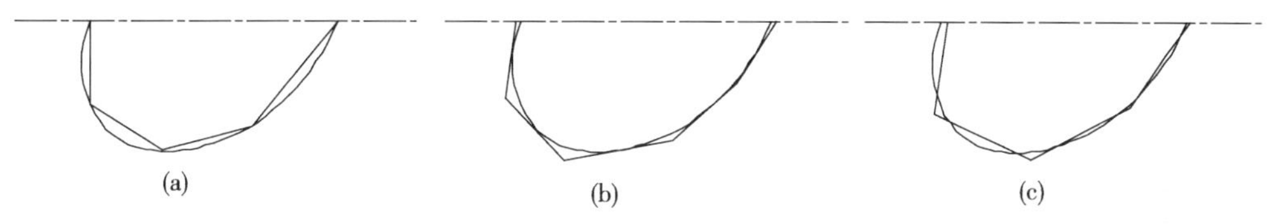

图 14-4　手工编程的常用直线拟合方法

(a) 弦线拟合法；　(b) 切线拟合法；　(c) 割线拟合法

将以上的直线段用小圆弧替代，则称为圆弧拟合法，由于圆弧拟合计算较复杂，应用较少，重点学习直线拟合法中的弦线拟合法。

（2）弦线拟合法：主要拟合方式有等间距法、等插补段法、等误差法等。

①等间距法。在一个坐标轴方向，将拟合轮廓的总增量（余量）进行等分后，利用该轮廓曲线的曲线方程，对其所设定节点进行坐标值计算，而后对该曲线的轮廓进行拟合的计算方法（图 14-5）。

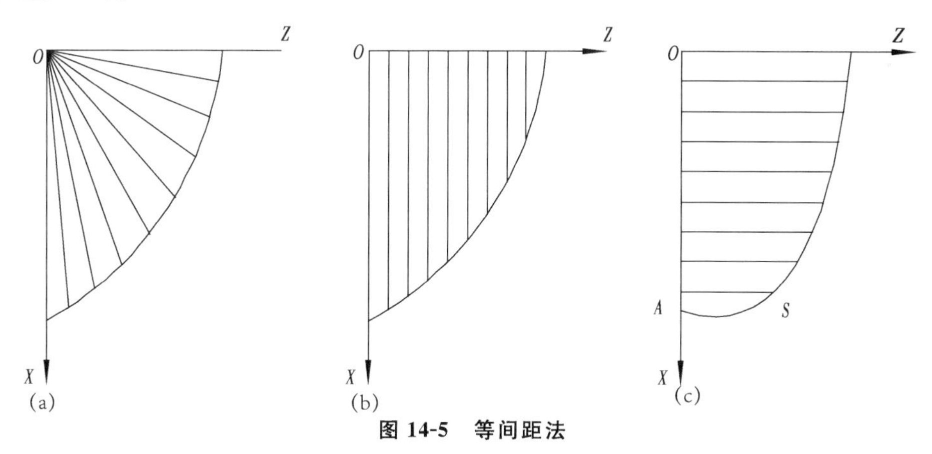

图 14-5　等间距法

(a) 角度等分；(b) Z 向增量等分；(c) X 向增量等分

②等插补段法。当设定其相邻两节点间的弦长相等时，对该曲线轮廓进行拟合的计算方法。

③等误差法。通过比较计算，使每个拟合段与理想曲线的误差相等，对该曲线轮廓进行拟合的计算方法。

学习引导

（1）如图 14-6 所示，该零件轮廓有两处深为 2.5mm 的凹弧，而且形状相近，深度相同，工艺比较简单，可以考虑编制一个用户宏程序来加工这两段圆弧。凹弧处一次切削很难保证精度，将其余量分为 2.0mm 和 0.5mm 两次加工。其余部分按照粗加工和精加工顺序分两步进行。

该零件有两处圆弧的半径未知，需要在加工之前计算出来。设靠右端面处的圆弧半径为 R_1，靠左端面处的圆弧半径为 R_2，利用圆的垂径定理和三角形的勾股定理，分别计算 R_1 和 R_2 的值。

$R_1^2-(R_1-2.5)^2=5^2$

$R_1=6.25$

$R_2^2-(R_2-2.5)^2=8^2$

$R_2=14.05$

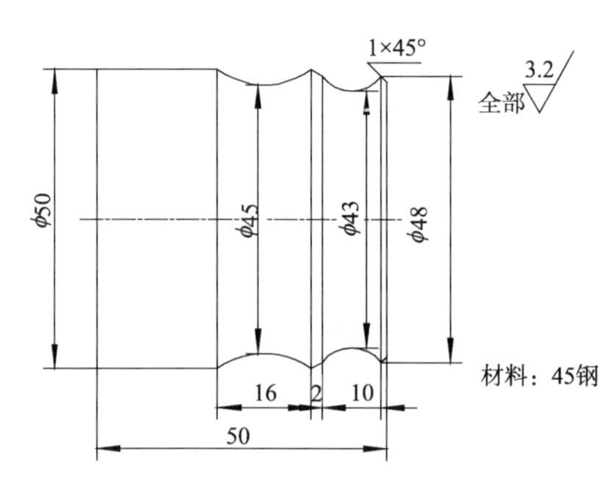

图 14-6　宏程序调用零件加工任务图

（2）程序示例：

程序	说明
O0141	
N10　T0101	90°外圆车刀
N20　G00　X55　Z1　M03　S700	快速定位到起刀点
N30　G90　X50.5　Z−50　F200	粗车外圆
N40　G00　X100　Z100	
N50　T0202	刀尖角 45°的右偏刀
N60　G42　G00　X44　Z1　S1000	
N70　G01　X48　Z−1　F80	倒角到圆弧起点
N80　G65　P1200　Z−11　R6.25	调用子程序车右圆弧
N90　G01　X50　Z−13	车小锥
N100　G65　P1200　Z−29　R14.05	调用子程序车左圆弧
N110　G01　Z−50	车圆柱面
N120　X56	
N130　G40　G00　X100　Z100　M30	主程序结束

```
O1200                                   子程序
N10#1=#5043                             Z坐标当前值赋给#1
N20  G01  U1                            留余量0.5mm
N30  G02  Z#26  R#18                    从当前位置车右圆弧
N40  G01  U-1  Z#1                      回到起刀点
N50  G02  Z#26  R#18                    精车圆弧
N60  M99                                子程序结束，返回主程序
```

更上一层楼

编写非圆曲线精加工轨迹

（1）如图14-7所示，工件轮廓由抛物线、直线、反比例函数曲线组成，现在编制其精加工程序段。根据轮廓特征，选择 X 轴作为增量等分的坐标轴，等分间距选择0.05。抛物线原点正好与编程原点重合，反比例函数曲线原点与编程原点 Z 向相差35，$Z'=Z-35$。

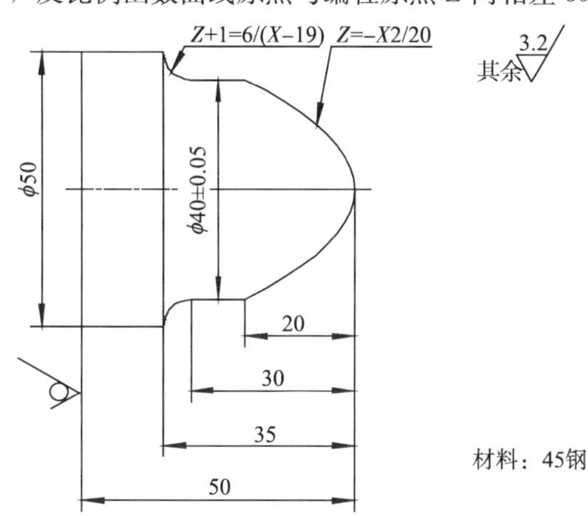

图14-7　宏程序编程加工任务图

（2）程序示例：

```
O0203
N10  T0101
N20  G00  X0  Z1  M03  S1000            快速定位到精加工起点
N30  G01  Z0  F100                      切削到抛物线起点
N40  #1=0                               赋抛物线X坐标初值
N50  #2=-#1×#1/20                       计算Z坐标值
N60  G01  X[2×#1]  Z#2                  直线拟合加工抛物线
N70  #1=#1+0.05                         拟合间距0.05
N80  IF[#1 LE20]  GOTO  50              X值不大于20，继续拟合加工
```

```
N90   G01   X40
N100   Z−30                                      加工圆柱段
N110   #1=20                                     赋反比例函数曲线 X 坐标初值
N120   #2=6/ [#1−19] −1                          计算反比例函数曲线 Z 坐标值
N130   G01   X [ 2×#1 ]   Z [#2−35]              直线拟合加工双曲线
N140   #1=#1+0.05                                拟合间距 0.05
N150   IF [#1 LE 25 ]   GOTO   120               X 值不大于 25，继续加工
N160   G01   X50
N170   Z−50                                      加工圆柱段
N180   G00   X100   Z100
N190   M30                                       程序结束
```

工作任务

完成图 14-7 所示零件编程加工。

任务准备

(1) 如图 14-7 所示，毛坯是直径为 55mm 的圆钢，要满足表面粗糙度和尺寸精度的要求，首先将其分为粗、精车两个阶段。粗加工阶段，可以用 G90 指令进行分层切削，先加工反比例函数曲线段，再加工抛物线段，最后再进行精加工。粗加工阶段选择拟合间距 1mm，精加工阶段选择拟合间距 0.05mm。

(2) 程序示例：

```
O0145
N10   T0101                                      90°外圆粗车刀
N20   G42   G00   X55   Z1   M03   S700
N30   G90   X50.5   Z−50   F200                  粗车外圆到直径 50.5mm
N40   G00   X50.5
N50   #1=25                                      赋反比例函数曲线 X 坐标初值
N60   #2=6/ [#1−19] −1                           计算 Z 坐标值
N70   G90   X[2×#1+0.5]   Z[#2−35+0.2 ]          单一循环粗车轮廓
N80   #1=#1−1.5                                  拟合间距为 1.5mm
N90   IF [#1 GE 20 ]   GOTO   60                 X 值大于 40 则继续循环车削
N100  G00   X40.5   Z1
N110  #1=20                                      赋抛物线 X 坐标初值
N120  #2=−#1×#1/20                               计算 Z 坐标值
N130  G90   X [2×#1+0.5]   Z [#2+0.2]            分层粗车抛物线部分
N140  #1=#1−1.5                                  拟合间距为 1.5mm
N150  IF [#1 GE 0 ]   GOTO   120                 X 值大于 0 则继续循环车削
```

```
N160  G40  G00  X100  Z100  S1000
N170  T0202                                  93°外圆精车刀
N180  G42  G00  X0  Z1
N190  G01  Z0  F100                          切削到精车起点
N200  ＃1＝0                                  赋抛物线 X 坐标初值
N210  ＃2＝－＃1×＃1/20                        计算 Z 坐标值
N220  G01  X［2×＃1］  Z＃2                    直线拟合加工抛物线
N230  ＃1＝＃1＋0.05                           拟合间距为 0.05mm
N240  IF［＃1 LE20］  GOTO  210                X 坐标小于 40 则继续加工
N250  G01  X40                               X 坐标不小于 40 则切削至 X40
N260  Z－30                                   切削至反比例函数曲线起点
N270  ＃1＝20                                 赋反比例函数曲线 X 坐标初值
N280  ＃2＝6/（＃1－19）－1                     计算 Z 坐标值
N290  G01  X［2×＃1］  Z［＃2－35］             直线拟合加工反比例函数曲线
N300  ＃1＝＃1＋0.05                           拟合间距为 0.05mm
N310  IF［＃1 LE25］  GOTO  280                X 坐标小于 50 则继续加工
N320  G01  X50                               否则切削至 X50
N330  Z－50                                   Z 向切削至终点
N340  X56
N350  G40  G00  X100  Z100
N360  M30                                    程序结束
```

任务实施

程序校验（用图形显示功能）自动加工。

任务测评

分析零件加工质量及其原因。

巩固提高

1. 何为拟合处理？手工编程常用的拟合方法有哪几种？

2. 写出 G66 指令调用用户宏程序的格式及调用方法。

3. 说出 M98 和 G65 指令调用用户宏程序的区别。

4. 编制图 14-8 所示零件的加工程序。

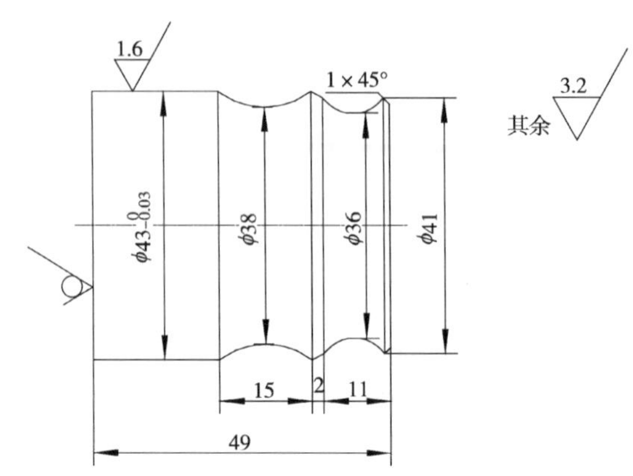

图 14-8　宏指令调用零件加工练习图（本节例题件）

表 14-3　图 14-8 宏指令调用零件加工练习件评分表

班级		姓名		工件编号	得分	
检查项目	序号	技术要求	配分/分	评分标准	检测记录	得分/分
工件加工	1	$\phi43_{-0.03}^{0}$外圆尺寸正确	10	每多超 0.01mm 扣 2 分		
	2	φ36 尺寸正确	5	超中值 0.1mm 以上，每多超 0.01mm 扣 2 分		
	3	φ38 尺寸正确	5			
	4	φ41 尺寸正确	5			
	5	外形正确	5	每错一处扣 5 分		
	6	其他尺寸正确	10	一处错误扣 2 分		
	7	表面粗糙度合格	10	一处不合格扣 3 分		
程序编制	8	主、子程序内容格式正确	30	一处错误扣 2 分		
	9	加工工艺合理	10	一处不合理扣 5 分		
机床操作	10	对刀操作正确	5	每错一处扣 5 分		
	11	面板操作正确	5	每错一处扣 2 分		
文明生产	12	遵守安全操作规程	倒扣	一处不合格倒扣 5 分		
	13	维护保养符合要求				
	14	工作场所整理达标				

再进一步

编程加工图 14-9 所示零件（粗加工要求分别用 G90 指令和 G71 指令编程）。

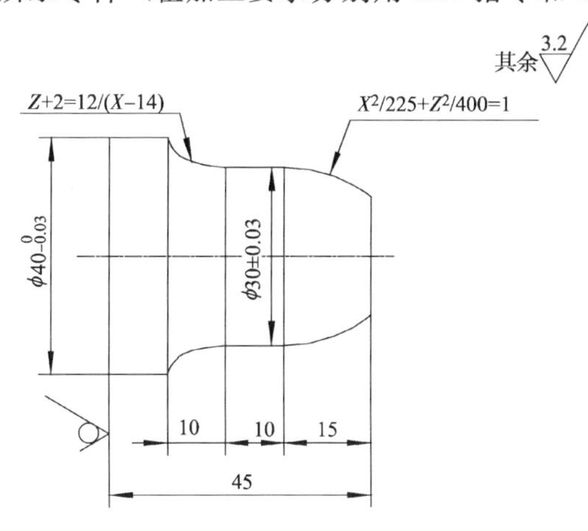

14-9　宏程序编程零件加工练习图（本节例题件）

评价与分析

表 14-4　图 14-9 所示宏程序编程加工练习件评分表

班级		姓名	工件编号	得分		
检查项目	序号	技术要求	配分/分	评分标准	检测记录	得分/分
工件加工	1	$\phi40_{-0.03}^{0}$外圆尺寸正确	10	每多超 0.01mm 扣 2 分		
	2	$\phi30_{-0.03}^{+0.03}$外圆尺寸正确	5	每多超 0.01mm 扣 2 分		
	3	其他尺寸正确	5	错一处扣 2 分		
	4	表面粗糙度合格	10	一处不合格扣 3 分		
	5	外形正确	10	不正确全扣		
程序编制	6	程序内容、格式正确	40	错一处扣 2 分		
	7	加工工艺合理	10	一处不合理扣 5 分		
机床操作	8	对刀操作正确	5	每错一处扣 5 分		
	9	面板操作正确	5	每错一处扣 2 分		
文明生产	10	遵守安全操作规程	倒扣	一处不合格倒扣 5 分		
	11	维护保养符合要求				
	12	工作场所整理达标				

项目五　工艺复杂零件加工

任务十五　薄壁套类零件加工

学习目标

能够了解薄壁套加工的特点。
能够掌握心轴的使用方法。
能够掌握薄壁套类零件加工特点及方法步骤。

相关知识

1. 薄壁套的定义

套类零件在机器中主要起支承和导向作用，一般主要由有较高同轴度要求的内外表面组成。一般套类零件的主要技术要求如下。

（1）内孔及外圆的尺寸精度、表面粗糙度及圆度要求。

（2）内外圆之间的同轴度要求。

（3）孔轴线与端面的垂直度要求。

薄壁套类零件壁厚很薄，径向刚度很弱，在加工过程中受切削力、切削热及夹紧力等因数的影响极易变形，导致以上各项技术要求难以保证。装夹进行加工时，必须采取相应的预防纠正措施，以免加工时引起工件变形；或因装夹变形加工后变形恢复，造成已加工表面变形，加工精度达不到零件图纸技术要求。

2. 薄壁套的加工工艺特点

（1）由于工件壁薄、刚性较差，在夹紧力的作用下容易产生变形，从而影响零件的加工精度。

（2）在切削力和夹紧力的作用下，极易产生振动和变形，从而影响尺寸精度、形状精度和表面粗糙度。

（3）在切削热的作用下，零件本身温度上升比较快，容易引起热变形，使工件尺寸不易控制。

3. 加工薄壁套类零件的工艺方法

（1）粗车时，由于余量较大，夹紧力可以稍大一点，变形也相应较大。精车时，夹紧力要小些，既可以使夹紧变形小，又可以较好地消除粗车时产生的变形。

（2）合理选择切削用量。比正常切削时的量要小些。一般用 YT15 刀具加工中碳钢时，可取 $V=100\sim130\text{mm/min}$，$f=0.08\sim0.16\text{mm/r}$，$a_p=0.05\sim0.5\text{mm}$。

（3）车刀保持锋利并充分浇注冷却液，减少工件的热变形。一般应采用较大的主偏角和前角。修光刃不应太长，刀杆的刚性要强。

（4）增加装夹接触面，如使用软卡爪（图 15-1）、涨力心轴（图 15-2）、开缝套筒装置（图 15-3）等。

（5）采用轴向夹紧装置。

（6）留出夹持长度和增加工艺筋。加工完成后，再去掉多余的长度和工艺筋。

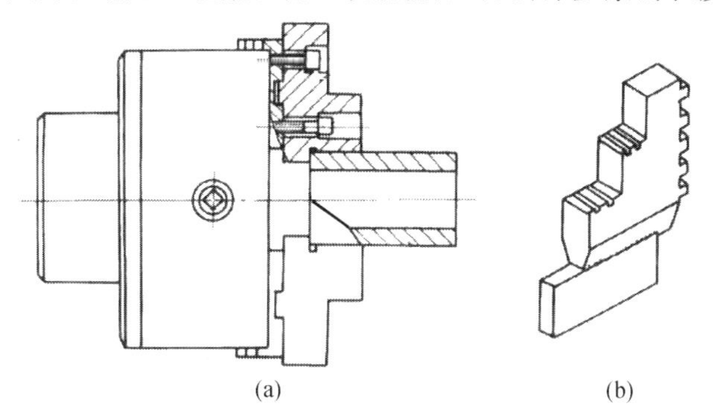

图 15-1　用软卡爪装夹工件

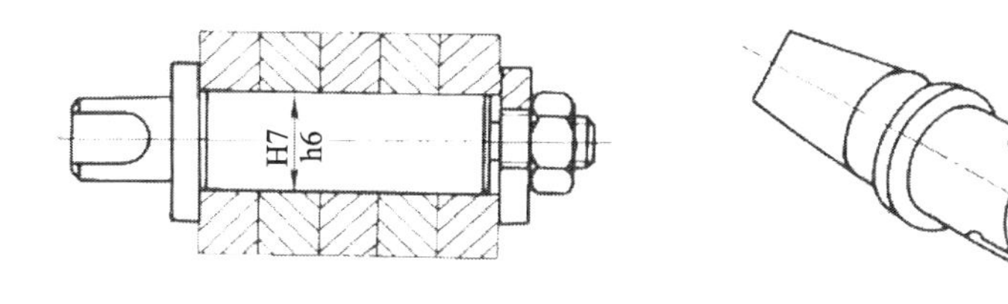

图 15-2　用涨力心轴装夹工件

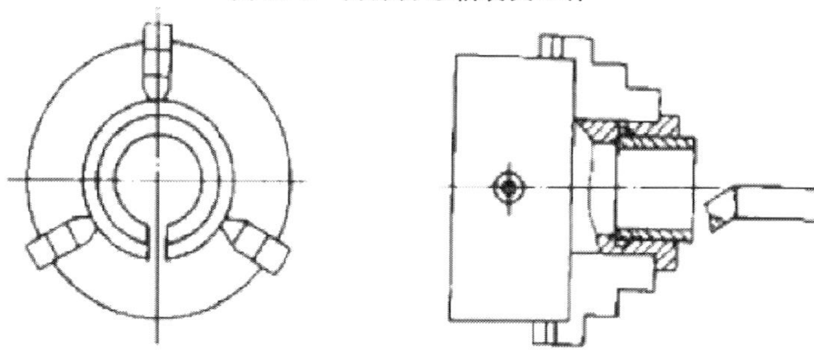

图 15-3　用开缝套筒装夹工件

知识连接

套类零件的定位与装夹

1. 套类零件定位的定位基准选择

套类零件的主要定位基准为内外圆中心。外圆表面与内孔中心有较高的同轴度要求时，加工中常互为基准反复装夹加工，以保证零件图纸技术要求。

2. 套类零件的装夹方案

1）套类零件的壁厚较大，零件以外圆定位时，可直接采用三爪卡盘装夹，外圆轴向尺寸较小时，可与已加工过的端面组合定位装夹，如采用反爪装夹；工件较长时可加顶尖装夹，再根据工件长度判断加工精度，是否再加中心架或跟刀架，采用“一夹一顶一托”装夹。

（2）套类零件以内孔定位时，可采用心轴装夹；当零件的内、外圆同轴度要求较高时，可采用小锥度心轴装夹；当工件较长时，可在两端孔口各加工出一小段 60°锥面，用两个圆锥对顶定位装夹。

（3）当套类零件薄壁较小时，也即薄壁套类零件，直接采用三爪卡盘装夹会引起工件变形，可采用轴向装夹、刚性开缝套筒装夹和圆弧软爪装夹等方法。

①轴向装夹法。轴向装夹法也就是将薄壁套类零件由径向夹紧改为轴向夹紧，轴向装夹法如图 15-4 所示。

②刚性开缝套筒装夹法。薄壁套类零件采用三爪自定心卡盘装夹，零件只受到三爪的夹紧力，夹紧接触面积小，夹紧力不均衡，容易使零件发生变形。如采用图 15-3 所示的刚性开缝套筒装夹，夹紧接触面积大，夹紧力较均衡，不容易使零件发生变形。

③圆弧软爪装夹法。当被加工薄壁套类零件以三爪卡盘外圆定位装夹时，采用内圆弧软爪装夹定位工件方法。

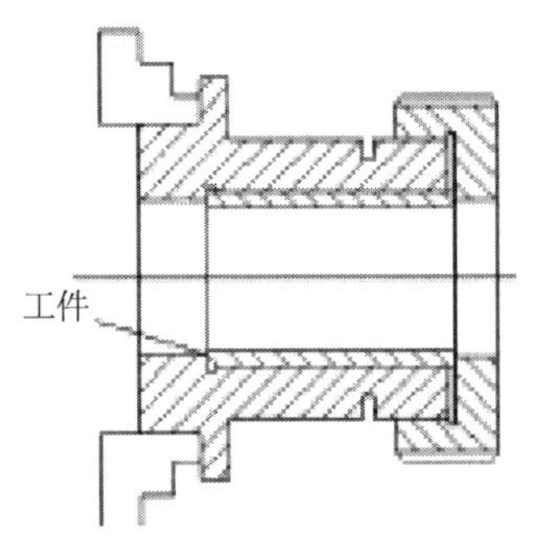

图 15-4　轴向夹紧工件

当被加工薄壁套类零件以内孔（圆）定位装夹时，可采用外圆弧软爪装夹，在数控车床上装刀根据加工工件内孔大小配车，配车外圆弧软爪如图 15-5 所示。

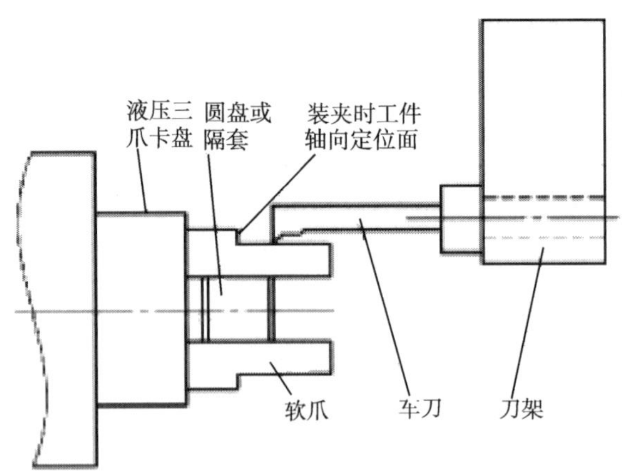

图 15-5　数控车床配车外圆弧软爪示意图

加工时要注意软爪应在夹紧状态下进行车削，以免在加工过程中松动或由于卡爪反向间隙而引起定心误差；车削软爪外定心表面时，要在靠卡盘处夹适当的圆盘料，以消除卡盘端面螺纹的间隙。配车加工的三外圆弧软爪所形成的外圆弧直径大小应比用来定心装夹的工件内孔直径要大一点。

当套类零件的尺寸较小时，尽量在一次装夹下加工出较多表面，即减小装夹次数及装夹误差，又容易获得较高的形位精度。

3. 加工套类零件的常用夹具

加工中小型套类零件的常用夹具有手动三爪卡盘、液压三爪卡盘和心轴；加工中大型套类零件的常用夹具有四爪卡盘和花盘。

当工件用已加工过的孔作为定位基准，并能保证外圆轴线和内孔轴线的同轴度要求时，常采用弹簧芯轴装夹。这种装夹方法可保证工件内外表面的同轴度，比适合用于批量生产。弹簧芯轴（又称涨心芯轴）既能定心，又能夹紧，是一种定心夹紧装置。弹簧芯轴一般分直式弹簧和台阶式弹簧芯轴。

（1）直式弹簧芯轴。直式弹簧芯轴如图 15-6 所示，它的最大特点是直径方向上膨胀较大，可达 1.5～5mm。

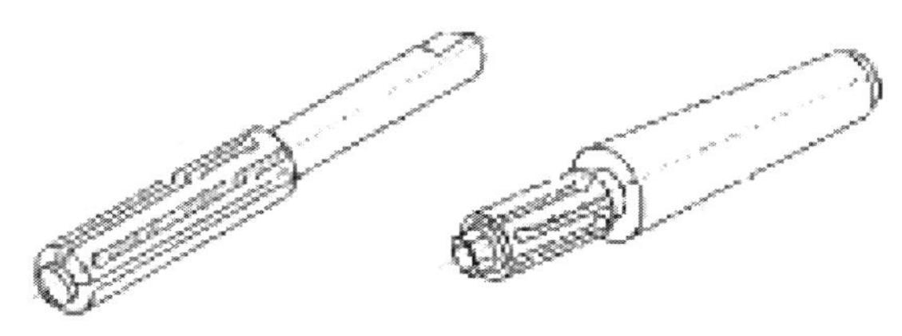

图 15-6　直式弹簧芯轴

（2）台阶式弹簧芯轴。台阶式弹簧芯轴如图 15-7 所示，它的膨胀量较小，一般为 1.0～2.0mm。

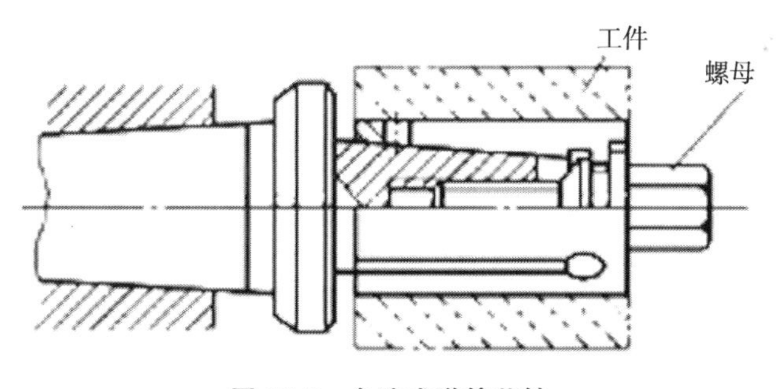

图 15-7　台阶式弹簧芯轴

工作任务

完成图 15-8 所示零件的编程加工。

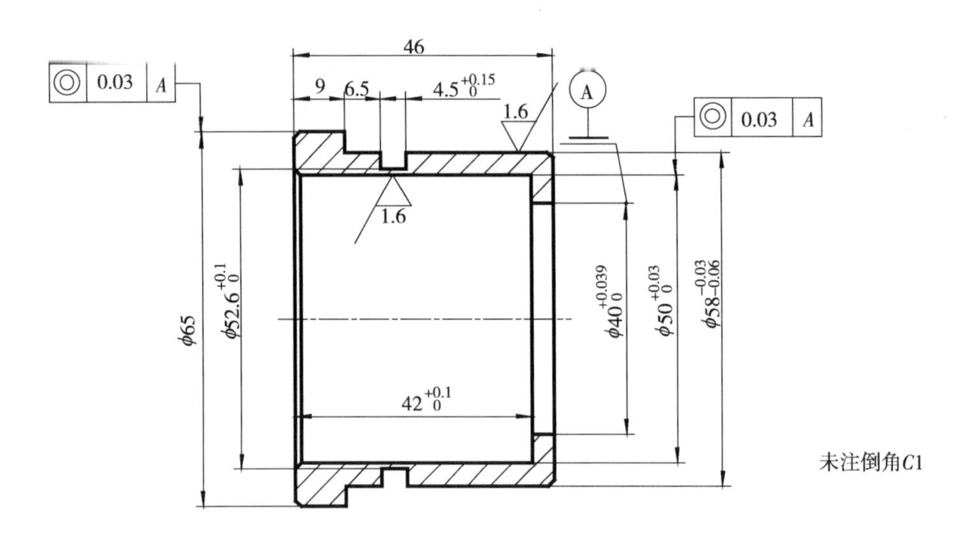

图 15-8　薄壁套零件加工任务图

工作准备

1. 图样分析

该零件壁较薄，又有平行度、同轴度等形位公差要求，加工比较难，采用先加工内孔，而后用涨力心轴安装来加工外圆，从而保证该零件的加工精度。

（1）尺寸精度分析

内孔$\phi40^{+0.039}_{0}$、$\phi50^{+0.03}_{0}$、外圆$\phi58^{-0.03}_{-0.06}$、沟槽底径$\phi52.6^{+0.1}_{0}$、长度 $42^{+0.1}_{0}$、沟槽 $4.5^{+0.15}_{0}$等有公差要求，编程时取中值即可。

（2）形位公差分析

ϕ50、ϕ52.6、ϕ48 对ϕ40 轴心的同轴度有要求（ϕ0.03），靠加工工艺和机床本身精度保证。

（3）表面粗糙度

所有内孔、ϕ58 外圆、左端面的表面粗糙度都要求达到 $Ra1.6$ 以下，其余也要求达到 $Ra3.2$ 以下，主要靠加工工艺和刀具来保证。

2. 制定加工方案

（1）下料ϕ70×50，用三爪卡盘装夹车端面，钻孔ϕ38，粗车右端外圆，直径留余量 2mm，长度留余量 0.5mm，掉头车左端面，控制总长 46mm，并车ϕ65 外圆到尺寸，粗车内孔ϕ50、ϕ40 处，径向留 1mm 余量，长度方向留 0.5mm，再精车内孔至尺寸要求，用涨力心轴装夹，精车外圆ϕ58、ϕ52 及沟槽尺寸至精度要求。

（2）填写数控加工工艺卡，见表 15-1。

表 15-1　数控加工工艺卡

牡丹江技师学院 数控实训中心		数控加工 工艺卡片	产品代号	零件名称	零件图号	
				综合件		
工艺序号	程序编号	夹具名称	夹具编号	使用设备	车间	
5	O0161～0164	卡盘、芯轴		CKA6132		
工步号	工步内容	刀具号	刀具规格	主轴转速/(r/min)	进给速度/(mm/min)	背吃刀量/mm
1	粗车外圆$\phi60\times37$、平端面，打中心孔，钻孔$\phi38$	T0101	93°外圆粗车刀 中心钻	800 300	150 50	1
2	掉头，车左端面、车$\phi65$外圆到尺寸、保证总长 46mm	T0101	93°外圆粗车刀	800	150	1
3	粗车内孔$\phi50$、$\phi40$处	T0202	内孔车刀	600	120	1
4	精车内孔至尺寸要求	T0202	内孔车刀	800	80	0.2
5	用涨力心轴装夹车外圆$\phi58$	T0303	93°外圆精车刀	800	80	0.2
6	用涨力心轴装夹车槽	T0404	车刀	600	40	4.5
编制		审核		批准		年月日

3. 编程示例

```
O0151
N10  T0101
N20  G00  X70  Z1  M03  S800
N30  G90  X65  Z-37  F0.2         } 粗车右端外圆
N40            X60
N50  G00  X100  Z100
N60  M30

O0152
N10  T0101
N20  G00  X70  Z1  M03  S800
N30  G90  X65.5  Z-10  F0.25      } 粗精车左端外圆
N40  G90  X65  Z-10  F0.1
N50  G00  X100  Z100
N60  M30
```

```
O0153
N10   T0202
N20   G00   X38   Z1   M03   S600
N30   G71   U1   R1
N40   G71   P50   Q      U（—0.6）   W0.1   F0.15
N50   G00   X52
N60   G01   Z0   F0.1                                  ┐
N70   X50.015   Z—1                                    │
N80   Z—42.08                                          │
N90   X40.02                                           ├ 粗精车内孔
N100   Z—47                                            │
N110   X38                                             │
N120   G70   P50   Q110                                ┘
N130   G00   X150   Z150
N140   M30

O0154
N10   T0303
N20   G00   X60   Z1   M03   S800                      ┐
N30   G90   X58.5   Z—37   F0.1                        ├ 粗精车右端外圆
N40         X58                                        ┘
N50   G00   X100   Z100
N60   T0404
N70   G00   X59   Z—30.5   S600                        ┐
N80   G01   X52.65   F0.05                             ├ 车沟槽至尺寸
N90         X59                                        ┘
N100   G00   X100   Z100
N110   M30
```

任务实施

程序校验（用图形显示功能）自动加工。

任务测评

分析零件加工质量及其原因。

巩固提高

1. 薄壁套加工有哪些工艺特点？

2. 中碳钢材质薄壁套加工时，切削用量如何选择？

3. 涨力芯轴主要应用在哪些地方？

4. 什么样的套类零件可以认为是薄壁套？

5. 编程加工图 15-9 所示零件。

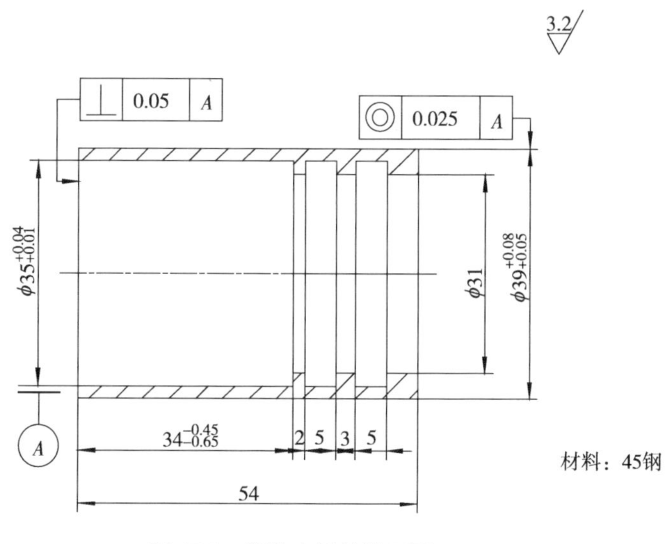

图 15-9　薄壁套零件练习图

评价与分析

表 15-2　图 15-9 所示薄壁套零件加工练习件评分表

班级　　　　　　　姓名　　　　　　　工件编号　　　　　　　得分

检查项目	序号	技术要求	配分/分	评分标准	检测记录	得分/分
工件加工	1	内孔$\phi35^{+0.04}_{+0.01}$尺寸正确	10	每多超 0.01mm 扣 2 分		
	2	外圆$\phi39^{+0.08}_{+0.05}$尺寸正确	10			
	3	$34^{-0.45}_{-0.65}$尺寸正确	10			
	4	内孔$\phi31$ 尺寸正确	5	超差 0.1mm 以上，每多超 0.01mm 扣 2 分		
	5	垂直度公差合格	5	超差全扣		
	6	圆柱度公差合格	5			
	8	其他尺寸正确	5	一处错误扣 2 分		
	10	表面粗糙度合格	10	一处不合格扣 3 分		
程序编制	9	程序内容、格式正确	10	一处错误扣 2 分		
	10	加工工艺合理	20	一处不合理扣 5 分		
机床操作	11	对刀操作正确	5	每错一处扣 5 分		
	12	面板操作正确	5	每错一处扣 2 分		
文明生产	13	遵守安全操作规程	倒扣	一处不合格倒扣 5 分		
	14	维护保养符合要求				
	15	工作场所整理达标				

任务十六　圆锥和螺纹配合件加工

学习目标

能够了解螺纹配合的技术要求。

能够掌握锥面配合件的技术要求。

能够掌握锥面和螺纹配合件的加工方法。

相关知识

1. 圆锥配合的特点

圆锥配合具有可自动定心，对中性良好，而且装拆简便，配合间隙或过盈的大小可以自由调整，能利用自锁性来传递扭矩以及良好的密封性等优点。但是，圆锥配合在结构上比较复杂，其加工和检测较困难。

2. 圆锥配合的种类

1）间隙配合

这类配合具有间隙，而且在装配和使用过程中间隙大小可以调整。常用于有相对运动的机构中，如某些车床主轴的圆锥轴颈与圆锥滑动轴承衬套的配合。

2）过盈配合

这类配合具有过盈，自锁性好，产生较大的摩擦力来传递转矩，折装方便，如钻头（或铰刀）的圆锥柄与机床主轴圆锥孔的配合、圆锥形摩擦离合器中的配合等。

3）过渡配合

可能具有间隙或过盈的配合称为过渡配合，其中要求内、外圆锥紧密接触，间隙为零或稍有过盈的配合称为紧密配合，它用于对中定心或密封，可以防止漏液漏气，如锥形旋塞、发动机中的气阀与阀座的配合等。为了保证良好的密封性，通常将内、外锥面成对研磨，所以这类配合的零件没有互换性。

3. 圆锥的基面距

相互配合的内、外圆锥基准平面之间的距离，用 E_a 表示，如图 16-1 所示。基面距用来确定内、外圆锥的轴向相对位置。

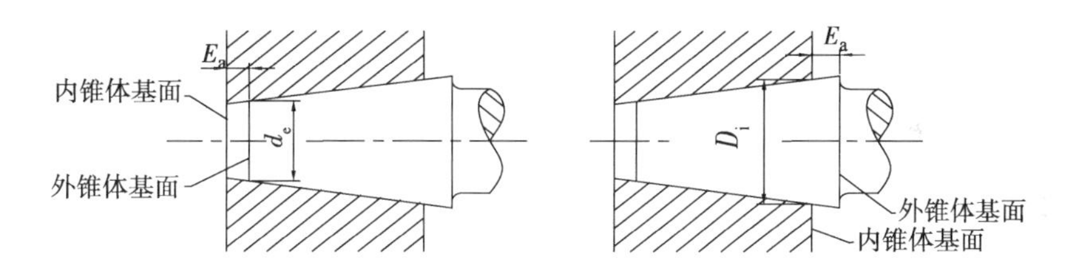

图 16-1　圆锥的基面距示意图

4. 圆锥配合的主要技术要求

(1) 相互配合的圆锥面的接触均匀性。因此必须控制内外圆锥的圆锥角偏差和形状误差。

(2) 基面距的变化应控制在允许范围内。当内、外圆锥长度一定时，基面距太大，会使配合长度减小，影响结合的稳定性和传递转矩；基面距太小，会使间隙配合的圆锥为补偿磨损而轴向调节范围缩小。影响基面距的主要因素是内外圆锥的直径偏差和圆锥素线角偏差。

圆锥几何参数都必须规定公差，以限制其误差对其配合性能的影响，从而满足配合的需要。

5. 圆锥配合的类型

主要有结构型和位移型两种，如图 16-2 所示。

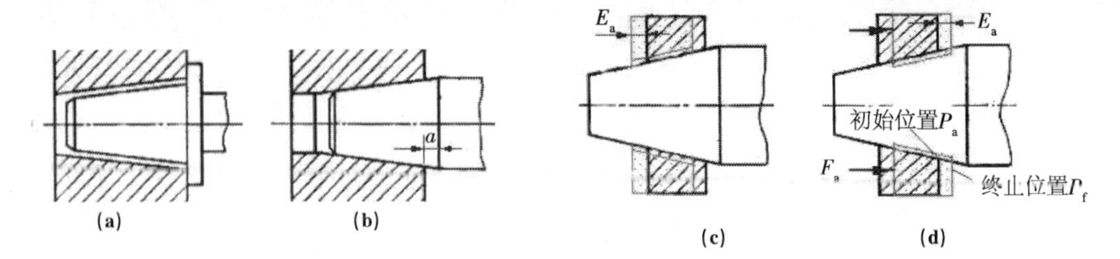

图 16-2　图锥配合的类型

(a) 由结构形成的间隙配合；(b) 由基面距形成过盈配合；

(c) 由轴向位移形成间隙配合；(d) 结构装配应力形成过盈配合

6. 螺纹配合的主要技术要求

(1) 普通螺纹主要用于连接和紧固，要求有良好的旋合性和足够的连接强度。

(2) 传动螺纹用于传递动力和位移，要求力的可靠性和位移的准确性。

(3) 紧密螺纹主要用于管道系统中的管件紧密连接，要求有较高的连接强度和密封性。

7. 螺纹配合的等级

(1) 国标中规定了不同直径和螺距所对应的旋合长度，分为短（S）、中（N）、长（L）三种旋合长度。国标按螺纹公差等级和旋合长度规定了三种类型的公差带，分别是精密级、中等级和粗糙级，代表着不同的加工难度。

(2) 配合精度的确定。

螺纹配合的精度不仅与螺纹公差带大小有关，还与螺纹的旋合长度有关。旋合长度越长，螺距的累积误差越大，较难旋合，且加工长螺纹比短螺纹难以保证精度。因此对不同的旋合长度规定不同大小的公差带，旋合长度是螺纹设计中必须考虑的因素，一般多用 N 组。常用的配合精度选择可以参照表 16-1。

精密级——用于精密连接螺纹。

中等级——用于一般用途连接。

粗糙级——用于要求不高及制造困难的螺纹。

(3) 公差带的确定：螺纹公差等级和基本偏差的组合。表示方法是公差等级后加上基本偏差代号。例如，外螺纹：6f；内螺纹：6H。与普通尺寸配合的选用：理论上，表 16-1 中的内外螺纹可以构成各种配合，但从保证足够的接触高度出发，最好选用 H/g、H/h、G/h 的配合。

表 16-1　普通螺纹公差带的选用

旋合长度 / 精度	内螺纹选用公差带			外螺纹选用公差带		
	4H	4H5H	5H6H	(3h4h)	4h*	(Sh4h)
中等	5H (5G)	[6H]*	7H* (7G)	(5h6h) (5g6g)	[6g]* 6f*	(6h6h) (7g6g)
粗糙	—	7H (7G)	—	— (8h) 8g	—	

大量生产的精制紧固螺纹，推荐采用带方框的；带 * 号的为优先选用，其次是不

带＊的，带（　）的尽量不用。

（4）表面粗糙度：国标有普通螺纹的表面粗糙度推荐值。一般情况下，选用中等精度、中等旋合长度的公差带，即内螺纹公差带常选 6H、外螺纹公差带 6h、6g 应用较广。

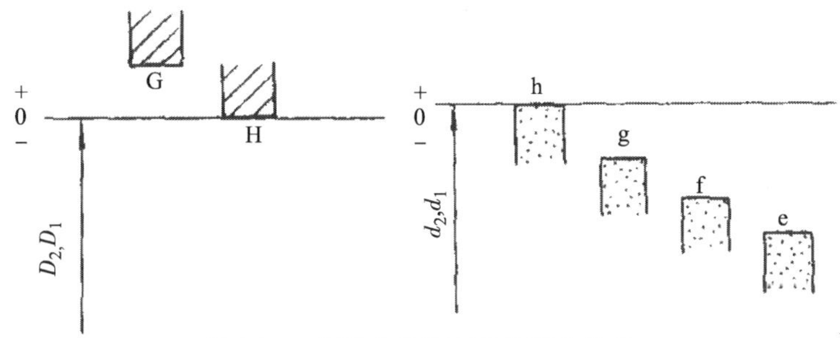

图 16-3　螺纹中径和顶径的基本偏差

8. 影响螺纹结合精度的因素

螺纹中径和顶径的基本偏差如图 16-3 所示。

1）中径偏差的影响

中径大小影响配合的松紧程度，必须严格限制其实际尺寸，即规定适当的上下偏差（图 16-4）。

2）螺距偏差的影响

单个螺距偏差 ΔP，螺距累积偏差 ΔP_{Σ} 与旋合长度有关，影响旋合性（图 16-5）。

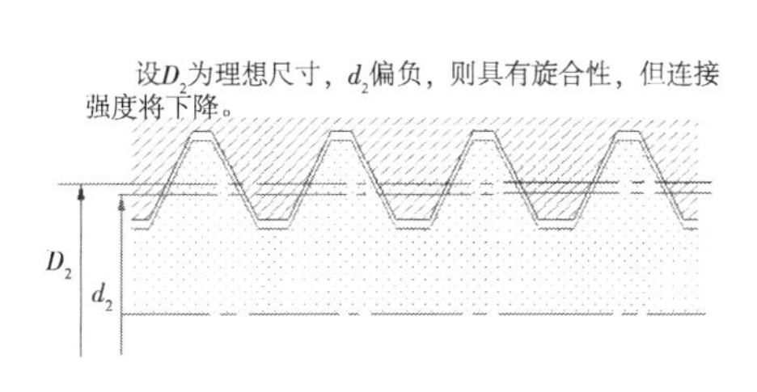

图 16-4　螺纹中径偏差对互换性的影响

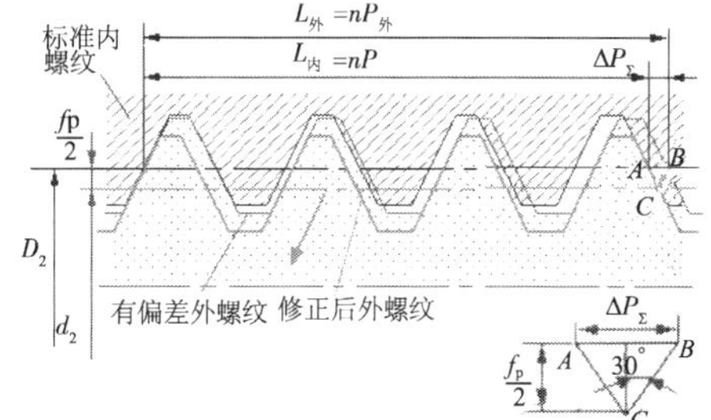

图 16-5　螺距累积偏差对互换性的影响

消除干涉：将外螺纹中径减少一个数值 f_{p}，或将内螺纹中径增大一个数值 f_{p}。f_{p} 称为螺距误差的中径当量，限制螺距误差。

3）牙侧角偏差的影响

如图 16-6 所示，一有牙侧角偏差的外螺纹与理想内螺纹结合，则会在小径或大径处产生干涉。为消除干涉，可将外螺纹中径减少一个数值 $f_{a/2}$ 或将内螺纹中径加大一个数值 $f_{a/2}$。$f_{a/2}$ 称为牙侧角偏差的中径当量。

$f_{a/2}=0.073P(k_1|\Delta a_t/2|+k_2|\Delta a_2/2|$

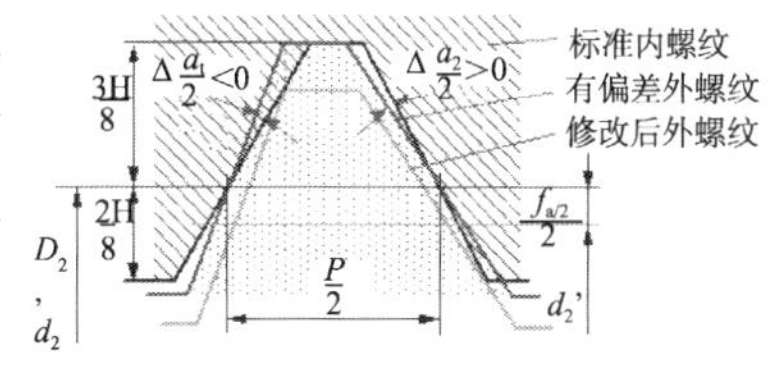

图 16-6　牙型半角偏差对互换性的影响

工作任务

完成图 16-7、16-8 所示零件的编程加工。

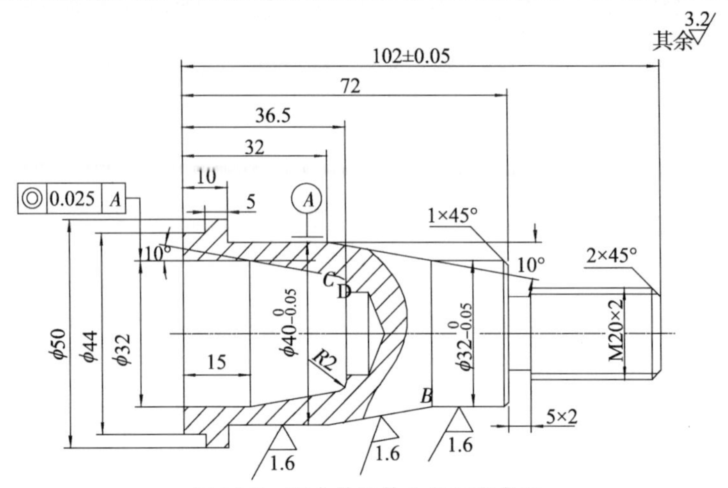

图 16-7　配合件零件 1 加工任务图

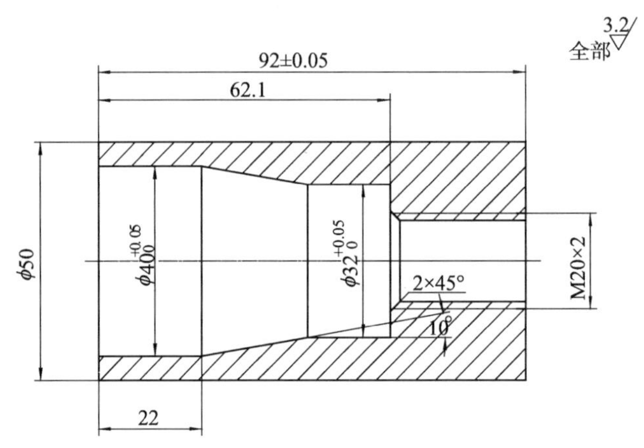

图 16-8　配合件零件 2 加工任务图

要求圆锥面的接触面积大于 50%，配合后的尺寸如图 16-9 所示。

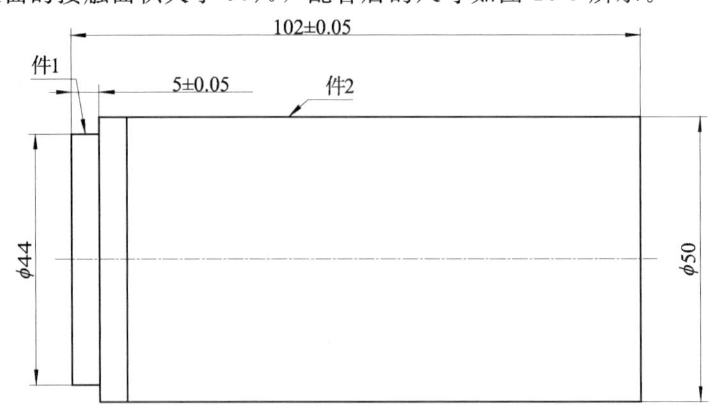

图 16-9　配合件组合图

任务准备

1．加工工艺分析

1）图样分析

（1）尺寸精度分析如图 16-9 所示，该配合件由件 1 和件 2 组成，外圆锥和内圆锥的接触面积要求大于 50%，可用涂色法检验。螺纹配合没有公差要求，可用通规和止规检验外螺纹，用螺纹塞规或环规来检验内螺纹。配合处的ϕ40 和ϕ32 处有公差要求，长度 92 和 102 处有公差要求，编程时按中值编程即可。配合后，长度有公差要求，可在配合后再加工。有 *B*、*C*、*D* 点坐标需计算，*B*（32，－46.41），C（25，－34.85，*D*（21.06，－36.5）。

（2）形状精度分析内径ϕ32 对外圆ϕ40 的同轴度有公差要求，靠加工工艺来保证。

（3）表面粗糙度分析配合处的表面粗糙度要求 *Ra*1.6 以下，其余表面粗糙度也要求达到 *Ra*3.2 以下，主要靠合理的加工工艺、合理的切削用量、合适的刀具几何参数等措施来保证。

2）制定加工方案

（1）制定加工工艺用 G71 粗加工工件 2 内形，G70 精加工工件 2 内形→用 G76 螺纹复合循环加工 M20×2 内螺纹→粗、精加工加工件 1 左端外形→用 G71、G70 粗、精加工工件 1 左端内形→调头校正，手工车端面，保证总长 102，钻中心孔，顶上顶尖→用 G71、G70 粗、精加工工件 1 右端外形→车 5×ϕ16 槽→用 G76 螺纹复合循环加工 M20×2 外螺纹→将件 2 旋入件 1，粗、精加工件 2 外形。

（2）填写数控加工工艺卡，见表 16-2。

表 16-2　数控加工工艺卡

牡丹江技师学院 数控实训中心		数控加工 工艺卡片	产品代号	零件名称	零件图号
				综合件	
工艺序号	程序编号	夹具名称	夹具编号	使用设备	车间
5	O0171～0174	三爪卡盘		CKA6132	

工步号	工步内容	刀具号	刀具规格	主轴转速/（r/min）	进给速度/（mm/min）	背吃刀量/mm
1	手动车削件 2 左端面，打中心孔，钻孔ϕ17	T0101	93°外圆粗车刀 ϕ17 钻头	800	150 50	0.5
2	粗车件 2 内形	T0202	内孔车刀	700	150	1
3	精车件 2 内形	T0202	内孔车刀	1200	150	0.25
4	车内螺纹	T0303	三角螺纹车刀	800	160	0.2
5	粗加工件 1 左端外形	T0101	93°外圆粗车刀	800	150	1
6	精加工件 1 左端外形	T0404	93°外圆精车刀	1200	100	0.25
7	平端面，钻孔ϕ15，深 40	T0101	外圆刀，ϕ15 钻头	600	60	0.5

续表

牡丹江技师学院 数控实训中心		数控加工 工艺卡片	产品代号	零件名称	零件图号	
				综合件		
8	粗车件 1 左端内形	T0202	内孔车刀	700	150	1
9	精车件 1 左端内形	T0202	内孔车刀	1000	100	0.25
10	粗加工件 1 右端外形	T0101	93°外圆粗车刀	800	150	1
11	精加工件 1 右端外形	T0404	93°外圆精车刀	1200	100	0.25
12	切退刀槽	T0202	换切槽刀（5）	600	60	5
13	车外螺纹	T0303	三角螺纹车刀	1000		0.4
14	粗车件 2 外形	T0101	93°外圆粗车刀	800	150	1
15	精车件 2 外形	T0404	93°外圆精车刀	1200	100	0.25
编　制		审　核		批　准		年　月　日

2. 程序示例

```
O0171
N10   T0202
N20   G98   G41   G00   X16   Z1   M03   S700        刀尖圆弧半径左补偿
N30   G71   U1   R0.5                               ⎫
N40   G71   P50   Q110   U-0.5   W0   F150          ⎪
N50   G00   X40.02   S1200                          ⎪
N60   G01   Z-22   F150                             ⎪
N70   X32   Z-45.18                                 ⎬ 粗精车件 2 内形
N80   Z-62.1                                        ⎪
N90   X22                                           ⎪
N100   X18   Z-64.1                                 ⎪
N110   Z-92                                         ⎪
N120   G70   P50   Q110                             ⎭
```

N130　G40　G00　X100　Z200　　取消刀尖圆弧半径左补偿

N140　T0303

N150　G00　X16　S800
N160　Z－57
N170　G76　P021060　Q100　R－0.1
N180　G76　X20　Z－95　P1300　Q500　F2
N190　G00　Z5
N200　X100　Z200
N210　M30

加工内螺纹

O0172

N10　T0101
N20　G00　G98　X56　Z1　M03　S800
N30　G90　X50.5　Z－50　F150
N40　G90　X44.5　Z－5
N50　G00　X100　Z100
N60　T0404

粗车件1左端外形

N70　G00　X44　S1200
N80　G01　Z－5　F100
N90　X50
N100　Z－50

精车件1左端外形

N110　G00　X100　Z200

N120　T0202　S700

N130　G00　G41　X14　Z1
N140　G71　U1　R0.5
N150　G71　P160　Q200　U－0.5　W0　F150
N160　G00　X32　S1200
N170　G01　Z－15　F100
N180　X25　Z－34.85
N190　G02　X21.06　Z－36.5　R2
N200　G01　X－0.5
N210　G70　P160　Q200
N220　G00　G40　X100　Z200
N230　M30

粗精车件1左端内形

O0173

程序	说明
N10 T0101	
N20 G98 G42 G00 X56 Z1 M03 S800	刀尖圆弧半径右补偿
N30 G71 U1 R0.5	粗车件 1 右端外形
N40 G71 P50 Q120 U0.5 W0.1 F150	
N50 G00 X16 S1200	
N60 G01 Z0 F100	
N70 Z−30	
N80 X31.98	
N90 Z−46.82	
N100 X39.98 Z−70	
N110 Z−92	
N120 X56	
N130 G00 X100 Z100	
N140 T0404	
N150 G70 P50 Q120	精车件 1 右端外形
N160 G40 G00 X200	取消刀尖圆弧半径补偿
N170 T0202	
N180 G00 X33 Z−30 S600	加工退刀槽
N190 G01 X16 F50	
N200 X33	
N210 G00 X200	
N220 T0303	
N230 G00 X21 Z5 S1000	加工件 1 外螺纹
N240 G76 P021060 Q100 R0.1	
N250 G76 X17.4 Z−27 P1300 Q500 F2	
N260 G00 X200	
N270 Z100	
N280 M30	
O0174	
N10 T0101	粗加工件 2 外形
N20 G98 G00 X56 Z1 M03 S800	
N30 G90 X50.5 Z−91.8 F150	
N40 G00 X200	

```
N50  T0404
N60  G00  X56  Z1  S1200
N70  G90  X50  Z-92  F100
N80  G00  X200
N90  Z100
N100  M30
```

精加工件 2 外形

任务实施

程序校验（用图形显示功能）自动加工。

操作练习

（1）加工圆锥面时，要严格控制刀具的中心高，防止出现双曲线误差。

（2）加工配合面时，应用刀尖圆弧半径补偿，防止产生轮廓度误差。

（3）加工外圆锥时，应控制背吃刀量和配合间隙，在内圆锥面上均匀涂上三条显示剂后，套入外圆锥面，转动半周之内检验接触面积和间隙，调整刀具补偿值，直到符合图样要求。

（4）用一夹一顶车削时，应注意进退刀方向，防止发生碰撞。

（5）加工外螺纹时，螺纹中径应利用内螺纹多次配车，以达到配合要求。

任务测评

分析零件加工质量及其原因。

巩固提高

1. 圆锥面配合有哪些技术要求？应如何保证？

2. 螺纹配合有哪些技术要求？应如何保证？

3．编程加工图 16-10～图 16-12 所示零件。

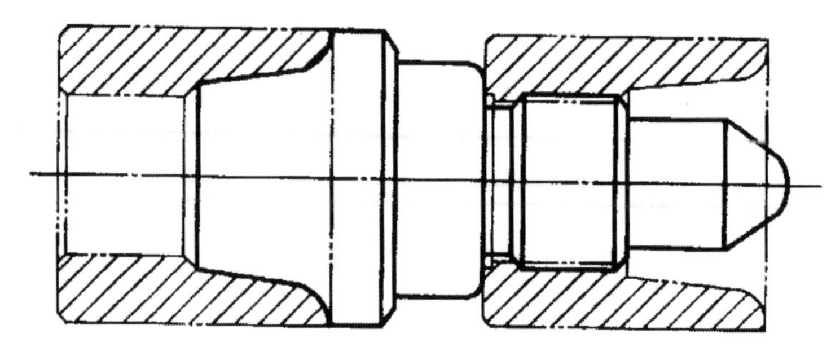

图 16-10　组合件示意图

其余

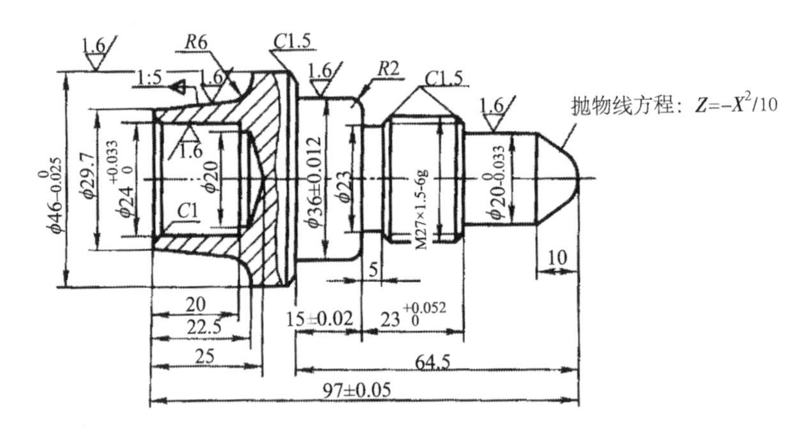

图 16-11　外锥螺纹轴

其余 3.2

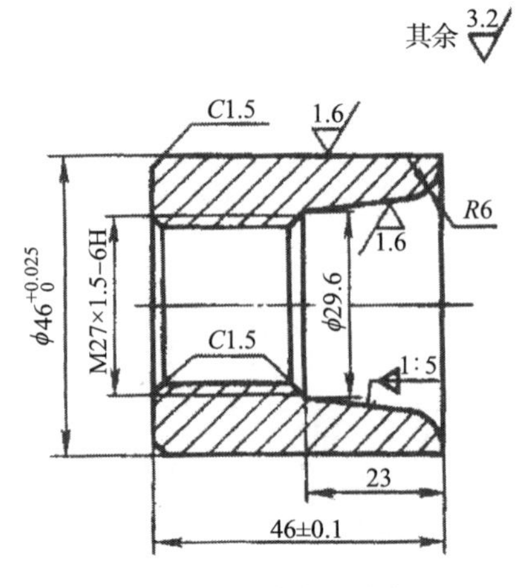

图 16-12　内锥螺纹套

评价与分析

表 16-3　图 16-10 所示锥面和螺纹配合件加工练习件评分表

班级　　　　　　姓名　　　　　　工件编号　　　　　　得分

检查项目	序号	技术要求	配分/分	评分标准	检测记录	得分/分
工件加工	1	外圆$\phi46_{-0.025}^{0}$尺寸正确	5	每多超 0.01mm 扣 2 分		
	2	内孔$\phi24_{0}^{+0.033}$尺寸正确	5			
	3	外圆$\phi36_{-0.012}^{+0.012}$尺寸正确	5			
	4	外圆$\phi20_{-0.033}^{0}$尺寸正确	5			
	5	长度 $15_{-0.02}^{+0.02}$尺寸正确	3			
	6	$23_{0}^{+0.052}$尺寸正确	2			
	7	$97_{-0.05}^{+0.05}$尺寸正确	2			
	8	外圆$\phi46_{0}^{+0.025}$尺寸正确	5			
	9	$46_{-0.1}^{+0.1}$尺寸正确	3			
	10	表面粗糙度合格	5	一处不合格扣 3 分		
	11	其他尺寸正确	5	一处错误扣 2 分		
	12	螺纹配合合格	10	不合格全扣		
	13	锥面配合合格	15	不合格全扣		
程序编制	14	程序内容、格式正确	10	一处错误扣 2 分		
	15	加工工艺合理	20	一处不合理扣 5 分		
机床操作	16	对刀操作正确	倒扣	每错一处扣 5 分		
	17	面板操作正确				
文明生产	18	遵守安全操作规程	倒扣	一处不合格倒扣 5 分		
	19	维护保养符合要求				
	20	工作场所整理达标				

任务十七　椭圆配合件加工

学习目标

能够了解梯形螺纹加工的特点并掌握梯形螺纹加工方法。
能够掌握利用宏程序加工综合件的方法。
能够掌握控制配合件形位公差和尺寸公差的方法。

相关知识

1. 梯形螺纹的参数

梯形螺纹的轴向剖面形状是一个等腰梯形（图 17-1），一般作传动用，精度高；如车床上的长丝杠和中小滑板的丝杠等。国家标准规定梯形螺纹的牙型角为 30°。其主要参数见表 17-1。

表 17-1　梯形螺纹的参数及计算

<table>
<tr><th colspan="2">名　称</th><th>代　号</th><th colspan="4">计 算 公 式</th></tr>
<tr><td colspan="2">牙型角</td><td>α</td><td colspan="4">$\alpha=30°$</td></tr>
<tr><td colspan="2">螺距</td><td>P</td><td colspan="4">由螺纹标准确定</td></tr>
<tr><td colspan="2" rowspan="2">牙顶间隙</td><td rowspan="2">a_c</td><td>P</td><td>1.5～5</td><td>6～12</td><td>14～44</td></tr>
<tr><td>a_c</td><td>0.25</td><td>0.5</td><td>1</td></tr>
<tr><td rowspan="4">外螺纹</td><td>大径</td><td>d</td><td colspan="4">公称直径</td></tr>
<tr><td>中径</td><td>d_2</td><td colspan="4">$d_2=d-0.5P$</td></tr>
<tr><td>小径</td><td>d_3</td><td colspan="4">$d_3=d-2h_3$</td></tr>
<tr><td>牙高</td><td>h_3</td><td colspan="4">$h_3=0.5P+a_c$</td></tr>
<tr><td rowspan="4">内螺纹</td><td>大径</td><td>D_4</td><td colspan="4">$D_4=d+2a_c$</td></tr>
<tr><td>中径</td><td>D_2</td><td colspan="4">$D_2=d_2$</td></tr>
<tr><td>小径</td><td>D_1</td><td colspan="4">$D_1=d-P$</td></tr>
<tr><td>牙高</td><td>H_4</td><td colspan="4">$H_4=h_3$</td></tr>
<tr><td colspan="2">牙顶宽</td><td>f、f'</td><td colspan="4">$f=f'=0.366P$</td></tr>
<tr><td colspan="2">牙槽底宽</td><td>W、W′</td><td colspan="4">$W=W'=0.366P-0.536a_c$</td></tr>
</table>

30°梯形螺纹（以下简称梯形螺纹）的代号用字母“Tr”及公称直径×螺距表示，单位均为 mm。左旋螺纹需在尺寸规格之后加注“LH”，右旋则不注出，如 Tr36×6 等。

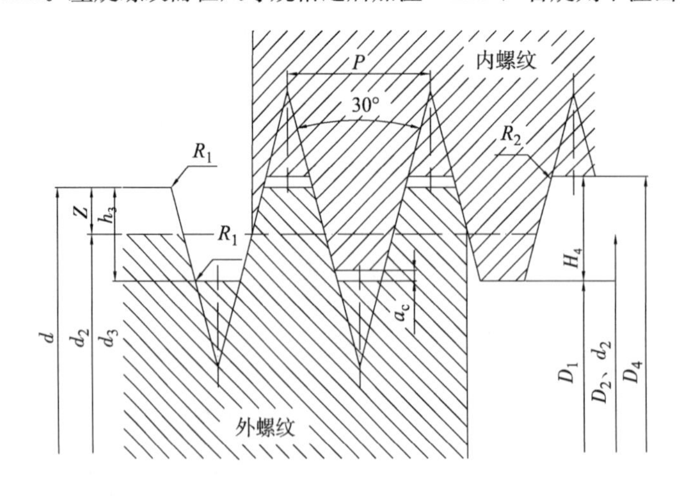

图 17-1　梯形螺纹的牙形

2. 螺纹的一般技术要求

（1）螺纹中径必须与基准轴颈同轴，其大径尺寸应小于基本尺寸。

（2）车梯形螺纹必须保证中径尺寸公差。

（3）螺纹的牙型角要正确。

（4）螺纹两侧面表面粗糙度值要低。

3. 车刀的装夹

（1）车刀主切削刃必须与工件轴线等高（弹性刀杆应高于轴线约 0.2mm），同时应和工件轴线平行。

（2）刀头的角平分线要垂直于工件的轴线。用样板找正装夹，以免产生螺纹半角误差，如图 17-2 所示。

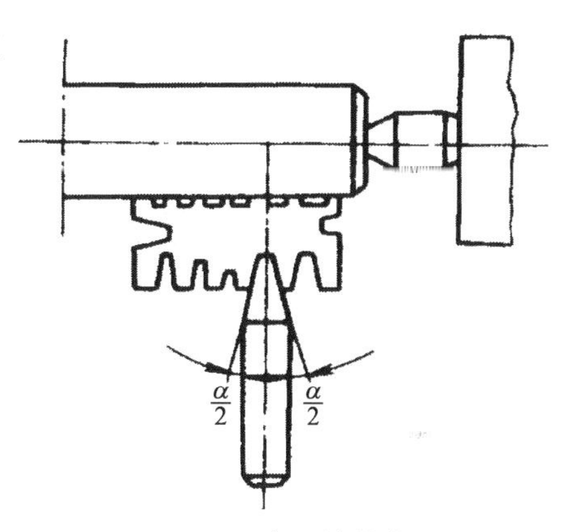

图 17-2　车刀的装夹

（3）要考虑螺旋升角的影响。车削右旋螺纹时，车刀左侧的刃磨后角等于工作后角加上螺旋升角，右侧的刃磨后角等于工作后角减去螺旋升角。车刀的左侧前角会变大，右侧前角变小。可以将车刀法向安装，或在车刀的两刀刃上刃磨较大的前角，使切削省力，并排屑顺利。

4. 螺纹进刀方式

（1）递减方式：每次进给量逐渐减小。根据牙型深度，从相对大的初始值（0.2～0.35mm），到最后逐渐减小（0.09～0.2mm），直到最后完成。

（2）稳定进刀方式：每次进给量相等。切削厚度固定，可以优化切屑形式，一般初始值为 0.08～0.12mm。最后一刀至少 0.08mm。这种方式可以得到较好的切屑控制和较高的刀具寿命，比较适用于新机床。

5. 梯形螺纹的公差

梯形螺纹的公差是在普通螺纹公差的基础上建立起来的，梯形螺纹的公差带位置应符合下面规定。内螺纹的大径、中径和小径的公差带位置为 H，基本偏差 E_I 为零；外螺纹中径的公差带位置为 e 和 c，基本偏差 e_s 为负，大径和小径的公差带位置 h，其基本偏差 e_s 为零。梯形螺纹的公差等级应符合如表 17-2 所示的规定，外螺纹中径和小径应取相同的公差等级。

梯形螺纹的优选公差带见表 17-2。

表 17-2　梯形螺纹的优选公差带

公差精度	内螺纹旋合长度	外螺纹旋合长度	N	
	N	L		
中等	7H	8H	7e	8e
粗糙	8H	9H	8c	9c

6. 梯形螺纹标记

完整的螺纹标记应包括螺纹特征代号、尺寸代号、公差带代号、旋合长度代号。例如，Tr36×12（P6）－7H/7e 表示公称直径为 36，导程为 12，公差带为 7H 的双线内螺纹与公差带为 7e 的双线外螺纹相配合。公差值的计算可查相关表格。

工作任务

完成图 17-3～图 17-5 所示零件的编程加工。

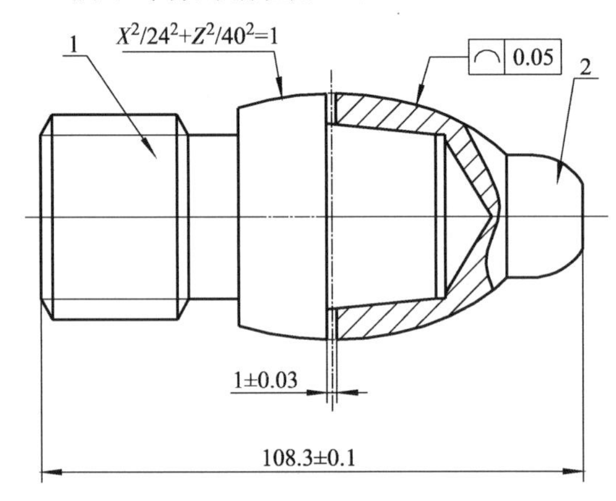

图 17-3 椭圆配合件装配图

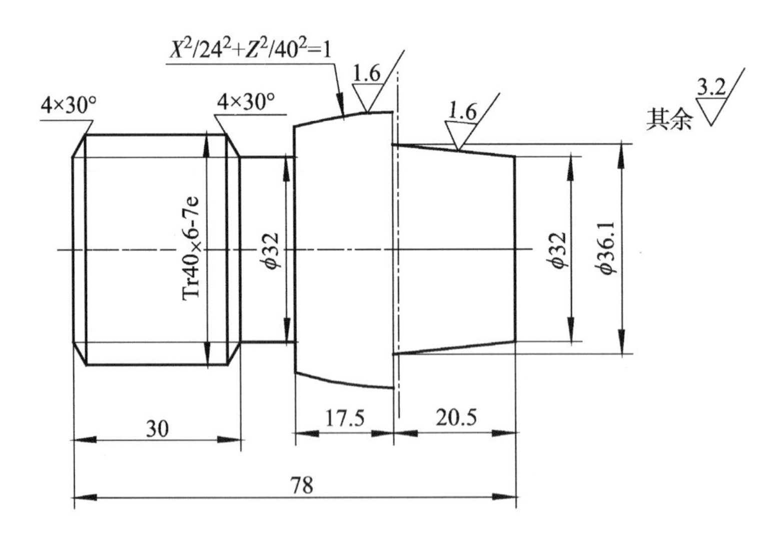

图 17-4 椭圆配合件件 1 加工任务图

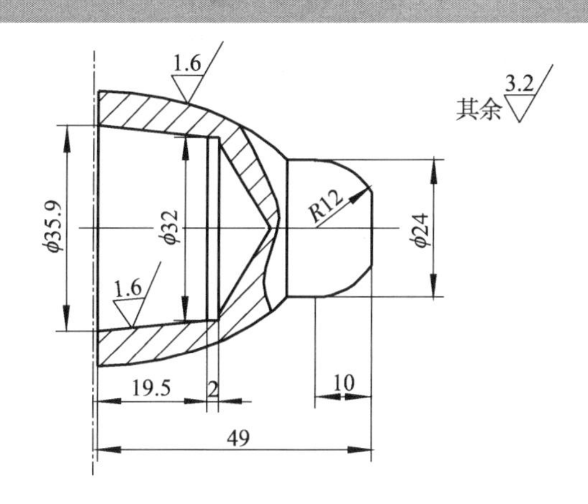

图 17-5　椭圆配合件件 2 加工任务图

任务准备

1. 加工工艺分析

1）图样分析

（1）在装配图中，有总长度要求 $108.3^{+0.1}_{-0.1}$mm，间隙要求 $1^{+0.03}_{-0.03}$mm，主要通过以下措施来保证。

①严格控制件 1 和件 2 的长度尺寸。

②在装夹时要精确找正，保证端面与轴线垂直。

③总长度可以通过配合后修配件 2 的长度来保证。

④间隙尺寸可以通过两锥面的修配来保证。先加工内锥再加工外锥，以内锥检测外锥。

在零件图中，锥面的尺寸一定要精确保证，在修配时，可以通过刀偏中的磨耗变化来反复修配，以保证锥面的配合接触面和配合间隙。

在零件图 17-4 中，梯形螺纹的大径、中径、小径需要计算，图 17-5 中的椭圆长度需要计算，右端面的直径需要计算。查表得到螺纹的公差分别为：中径的基本偏差 $e_s=-0.118$，大径和小径的基本偏差为零，大径、中径、小径的公差值分别为 0.375、0.335、0.537。梯形螺纹的大径、中径、小径的尺寸分别为：$d_1=400-0.375$、$d_2=37-0.118-0.453$、$d_3=330-0.537$。椭圆的长度为 34.64mm。右端面直径为 13.266mm。

（2）行位精度分析图 17-3 中，椭圆配合后轮廓度公差要求为 0.05mm，应采用两顶尖装夹方式进行精加工，并且要选用精度较高的刀具，一定要精确进行刀尖圆弧半径补偿。

（3）表面粗糙度分析：两锥面和椭圆表面的粗糙度都要求 Ra 值小于 1.6μm，其余表面也要求 Ra 值在 3.2μm 以下。主要靠合适的刀具、合理的切削用量和正确的工艺路线来保证。

2）制定加工方案

（1）零件 2 的加工方案：下料$\phi50\times51$mm，车椭圆部分到$\phi49$mm，粗、精加工内孔部分到尺寸，掉头夹住$\phi49$mm 部分，车削$\phi24$mm 及 $R12$mm 圆弧部分并留余量。

（2）零件 1 的加工方案：下料$\phi50\times80$mm，车削椭圆部分到$\phi49$mm，切槽到尺寸，梯形螺纹部分车削到尺寸，掉头夹住$\phi49$mm 部分，车削锥面部分并留余量，与内圆锥反复修配，保证锥面接触面积和要求的间隙值，并保证总长尺寸。

（3）两件配合后，用两顶尖装夹，粗、精车椭圆部分。

（4）填写数控加工工艺卡，见表 17-3。

表 17-3　数控加工工艺卡

牡丹江技师学院 数控实训中心		数控加工 工艺卡片	产品代号	零件名称	零件图号
				综合件	
工艺序号	程序编号	夹具名称	夹具编号	使用设备	车间
5	O0181～0185	三爪卡盘		CKA6132	

工步号	工步内容	刀具号	刀具规格	主轴转速/(r/min)	进给速度/(mm/min)	背吃刀量/mm
1	手动车削件 2 左端面，打中心孔，钻孔$\phi30$	T0101	93°外圆粗车刀 $\phi30$ 钻头	800 300	150 50	0.5
2	粗车件 2 椭圆部分外形	T0101	93°外圆粗车刀	800	150	1
3	粗车件 2 内锥部分	T0202	内孔车刀	700	150	0.5
4	精车件 2 内锥部分	T0202	内孔车刀	1000	100	0.1
5	粗车件 2 $\phi24$ 及 $R12$ 圆弧，并打中心孔	T0101	93°外圆粗车刀	800	150	1
6	粗车件 1 椭圆部分，螺纹大径	T0101	93°外圆粗车刀	800	150	1
7	精车件 1 椭圆部分，螺纹大径	T0101	93°外圆粗车刀	1500	150	0.1
8	切槽到尺寸	T0202	切槽刀	600	60	4
9	车外螺纹	T0303	梯形螺纹车刀	400	2400	0.2
10	粗车锥面部分	T0101	93°外圆粗车刀	800	150	1
11	精车锥面部分	T0404	93°外圆精车刀	1500	150	0.1
12	粗加工椭圆外形	T0101	35°外圆粗车刀	800	150	0.5
13	精加工椭圆外形	T0202	35°外圆精车刀	1200	120	0.1

编制		审核		批准		年　月　日

2. 程序示例

```
O0181
N10  T0101
N20  G00  X51  Z1  M03  S800
N30  G90  X49  Z—30  F150                     粗车件2椭圆部分外形
N40  G00  X100  Z200
N50  T0202  S700
N60  G00  G41  X28  Z1
N70  G71  U1  R0.5
N80  G71  P90  Q130  U—0.2  W0.1  F150        粗车件2内锥部分
N90  G00  X35.9                                ┐
N100  G01  Z0                                  │
N110  X32  Z—19.5                              ├ 内锥轮廓轨迹
N120  Z—21.5                                   │
N130  X28                                      ┘
N140  G70  P90  Q130  S1000  F100              精车件2内锥部分
N150  G00  G40  X100  Z200
N160  M30
O0182
N10  T0101
N20  G00  G42  X51  Z1  M03  S800
N30  G71  U1  R0.5
N40  G71  P50  Q90  U0.2  W0.1  F150           粗车件2右端外形
N50  G00  X13.266                              ┐
N60  G01  Z0                                   │
N70  G03  X24  Z—10                            ├ 件2右端轮廓轨迹
N80  G01  Z—14.86                              │
N90  X51                                       ┘
N100  G70  P50  Q90  S1500  F150               精车件2右端外形
N110  G00  G40  X100  Z100
N120  M30
O0183
N10  T0101
N20  G00  X51  Z1  M03  S800
N30  G71  U1  R0.5
N40  G71  P50  Q90  U0.2  W0.1  F150
```

```
N50  G00  X32                                   ┐
N60  G01  Z0                                    │
N70  X39.8  Z-2.31                              ├ 粗精加工件 1 左端外径
N80  Z-40                                       │
N90  X51                                        ┘
N100  G70  P50  Q90  S1500  F150
N110  G00  X100  Z100
N120  T0202
N130  G00  X51  Z-40  S600                      ┐
N140  G01  X32  F60                             │
N150  X51                                       ├ 加工件 1 左端的槽及倒角
N160  Z-36.5                                    │
N170  X32                                       │
N180  X51                                       ┘
N190  Z-34
N200  X40  W2.31
N210  G00  X100  Z100
N220  T0303
N230  G00  X41  Z15  S400
N240  G76  P021030  Q50  R0.1                   加工梯形螺纹
N250  G76  X32.5  Z-35  P3500  Q100
N260  G00  X100  Z100
N270  M30

O0184
N10  T0101
N20  G00  G42  X51  Z1  M03  S800
N30  G71  U1  R0.5
N40  G71  P50  Q80  U0.2  W0.1  F150            粗加工外锥面
N50  G00  X32                                   ┐
N60  G01  Z0                                    │
N70  X36.1  Z-20.5                              ├ 外锥轮廓轨迹
N80  X51                                        ┘
N90  G00  G40  X100  Z100
N100  T0404
N110  G00  G42  X51  Z1
```

```
N120  G70  P50  Q80  S1500  F150            精加工外锥面
N130  G00  G40  X100  Z100
N140  M30
O0185
N10  T0101
N20  G00  G42  X51  Z-12  M03  S800
N30  G73  U13  R26
N40  G73  P50  Q130  U0.2  F150             粗加工椭圆轮廓
N50  G00  X25
N60  G01  X24  Z-14.86                      ┐
N70  #1=34.64    椭圆Z向初值                 │
N80  #2=SQRT[576-0.36*#1*#1]                │ 计算X值椭圆的直线
N90  G01  X[2*#2]  Z[#1-49.5]               ├ 拟合车椭圆轮廓轨迹Z
N100  #1=#1-0.1                             │ 向步距判断Z向终点
N110  IF[#1GE-18]  GOTO  80                 │
N120  G01  W-1                              ┘
N130  X51
N140  G00  G40  X200
N150  T0202
N160  G00  G42  X51  Z-12
N170  G70  P50  Q130  S1200  F120           精加工椭圆轮廓
N180  G00  G40  X200
N190  M30
```

任务实施

程序校验（用图形显示功能）自动加工。

操作练习

加工注意事项：

（1）梯形螺纹车刀两侧副切削刃应平直，否则工件牙型角不正；精车时刀刃应保持锋利，保证螺纹两侧表面粗糙度低。

（2）调整小滑板的松紧，以防车削时车刀移位。

（3）鸡心夹头或对分夹头应夹紧工件，否则车梯形螺纹时工件容易产生移位而损坏。

（4）工件在精车前，最好重新修正顶尖孔，以保证同轴度。

（5）注意换刀点的位置，避免刀具与尾座发生碰撞。

任务测评

分析零件加工质量及其原因，见表 17-4。

表 17-4　梯形螺纹加工误差分析

问题现象	产生原因	预防和消除措施
螺纹尺寸超差	1. 刀具角度不准确 2. 螺距不正确 3. 程序错误 4. 工件尺寸计算错误	1. 调整或重新设定刀具参数 2. 转速过高或滚珠丝杠有间隙 3. 检查、修改程序 4. 正确计算工件尺寸
螺纹表面粗糙度差	1. 安装刀具高于中心 2. 切屑缠绕工件表面 3. 刀具磨损 4. 切削液选择不合理	1. 调整刀具中心高度 2. 选择合理的进刀方式和切深 3. 及时更换刀具或刀片 4. 正确选择切削液
加工时扎刀致工件报废	1. 进给量过大 2. 工件安装不合理 3. 刀具三面刃同时切削	1. 降低进给速度 2. 检查工件安装，增加刚性 3. 检查刀具角度是否干涉，及时修正

巩固提高

1. 梯形螺纹的技术要求一般有哪些？

2. 梯形螺纹车刀的刃磨和安装应注意哪些问题？

3．你认为梯形螺纹加工过程中应注意哪些问题？

4．Tr40×12（P3）－8H/9e－LH　表示什么？

5．编程加工如图17-6～图17-8所示工件。

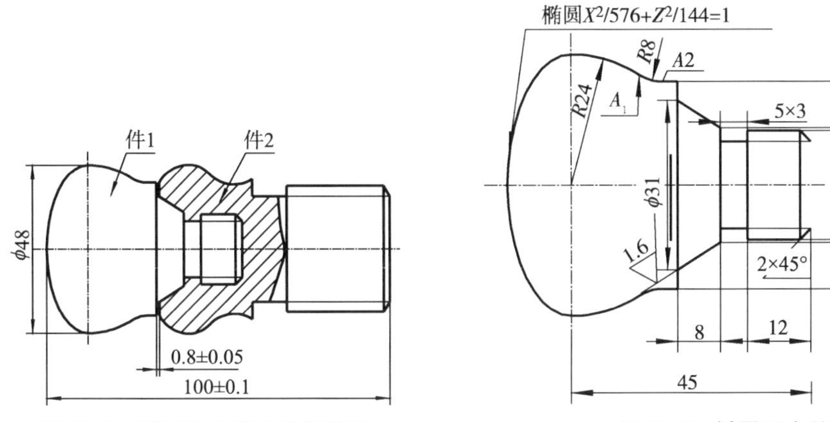

图 17-6　椭圆配合练习件组装图

图 17-7　椭圆配合练习件 1

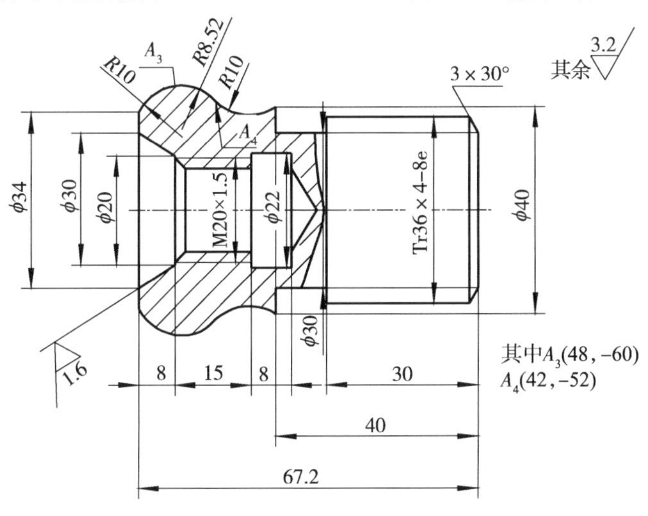

图 17-8　椭圆配合练习件 2

表 17-5　图 17-6 所示椭圆配合件加工练习件评分表

班级　　　　　　　　姓名　　　　　　　　工件编号　　　　　　　　得分

检查项目	序号	技术要求	配分/分	评分标准	检测记录	得分/分
工件加工	1	外圆ϕ38 尺寸正确	2	超差 0.1mm 以上，每多超 0.01mm 扣 1 分		
	2	外圆ϕ40 尺寸正确	2			
	3	外圆ϕ30 尺寸正确	3			
	4	配合后 $100^{+0.1}_{-0.1}$合格	10	每多超 0.01mm 扣 2 分		
	5	间隙 $0.8^{+0.05}_{-0.05}$合格	10			
	6	Tr36×4—8e 合格	10	一处不合格扣 3 分		
	7	其他尺寸正确	3	一处错误扣 1 分		
	8	表面粗糙度合格	5	一处不合格扣 3 分		
	9	螺纹配合合格	10	不合格全扣		
	10	锥面配合合格	10	不合格全扣		
	11	外形正确	5	不正确全扣		
程序编制	12	程序内容、格式正确	10	一处错误扣 2 分		
	13	加工工艺合理	20	一处不合理扣 5 分		
机床操作	14	对刀操作正确	倒扣	每错一处扣 5 分		
	15	面板操作正确				
文明生产	16	遵守安全操作规程	倒扣	一处不合格倒扣 5 分		
	17	维护保养符合要求				
	18	工作场所整理达标				

项目六　数控车床仿真加工

任务十八　宇龙数控车床仿真操作

学习目标

能够了解数控仿真的基本原理。
能够掌握 FANUC 系统数控车床的仿真操作。
能够运用仿真软件对工件的加工过程进行检查。

相关知识

数控仿真加工就是通过软件借助计算机来模拟实际加工的全过程，对提高初学者的感性认识和操作技能都很有帮助。仿真软件用法大同小异，下面以宇龙软件为例作简单介绍。

1. 机床台面操作

1）选择机床类型

启动软件，进入仿真系统启动界面。打开菜单“机床/选择机床…”，在“选择机床”对话框中选择控制系统类型和相应的机床，并单击“确定”按钮，此时界面如图 18-1 所示。

2）工件的使用

（1）定义毛坯。打开菜单“零件/定义毛坯”或在工具条上选择“ ”，系统打开如图 18-2 所示对话框。

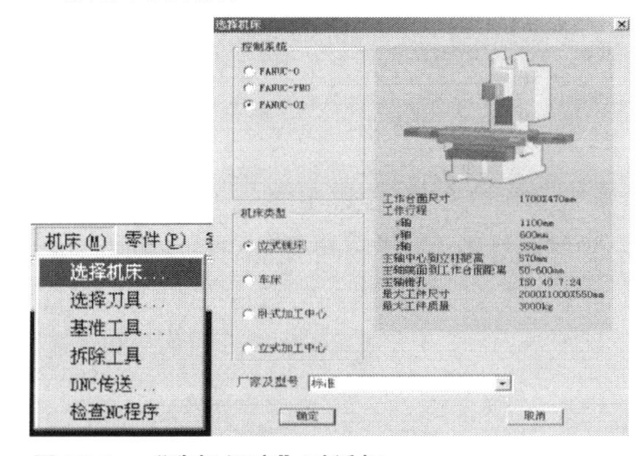

图 18-1　“选择机床”对话框

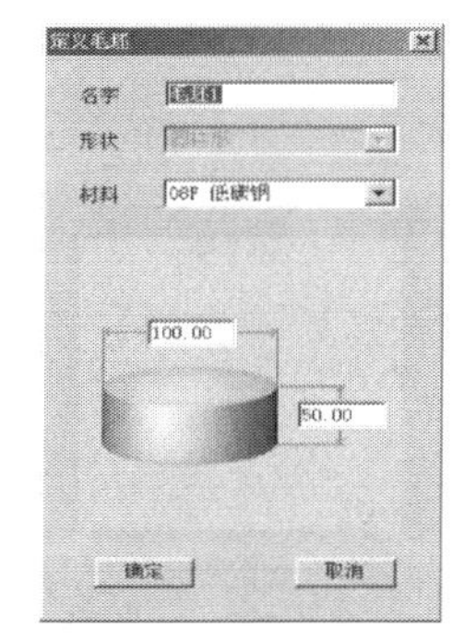

图 18-2　“定义毛坯”对话框

①名字输入。在毛坯名字输入框内输入毛坯名，也可使用默认值。

②选择毛坯形状。铣床、加工中心有两种形状的毛坯供选择：长方形毛坯和圆柱形毛坯。可以在“形状”下拉列表中选择毛坯形状。车床仅提供圆柱形毛坯。

③选择毛坯材料。毛坯材料列表框中提供了多种供加工的毛坯材料，可根据需要在“材料”下拉列表中选择毛坯材料。

④参数输入。尺寸输入框用于输入尺寸，单位：毫米。

⑤保存。退出单击“确定”按钮，保存定义的毛坯，并且退出本操作。

⑥取消。退出单击“取消”按钮，退出本操作。

（2）导出零件模型。导出零件模型相当于保存零件模型，利用这个功能，可以把经过部分加工的零件作为成型毛坯予以存放。如图 18-3 所示，此毛坯已经过部分加工，称为零件模型。可通过导出零件模型功能予以保存。

若经过部分加工的成型毛坯希望作为零件模型予以保存，打开菜单“文件/导出零件模型”，系统弹出“另存为”对话框，在对话框中输入文件名，单击“保存”按钮，此零件模型即被保存。可在以后放置零件时调用。

图 18-3　导出零件模型

（3）导入零件模型。机床在加工零件时，除了可以使用原始的毛坯，还可以对经过部分加工的毛坯进行再加工。经过部分加工的毛坯称为零件模型，可以通过导入零件模型的功能调用零件模型。

打开菜单“文件/导入零件模型”，若已通过导出零件模型功能保存过成型毛坯，则系统将弹出“打开”对话框，在此对话框中选择并且打开所需的后缀名为“PRT”的零件文件，则选中的零件模型被放置在工作台面上。此类文件为已通过“文件/导出零件模型”所保存的成型毛坯。

（4）放置零件。打开菜单“零件/放置零件”命令或者在工具条上选择图标，系统弹出对话框，如图 18-4 所示。

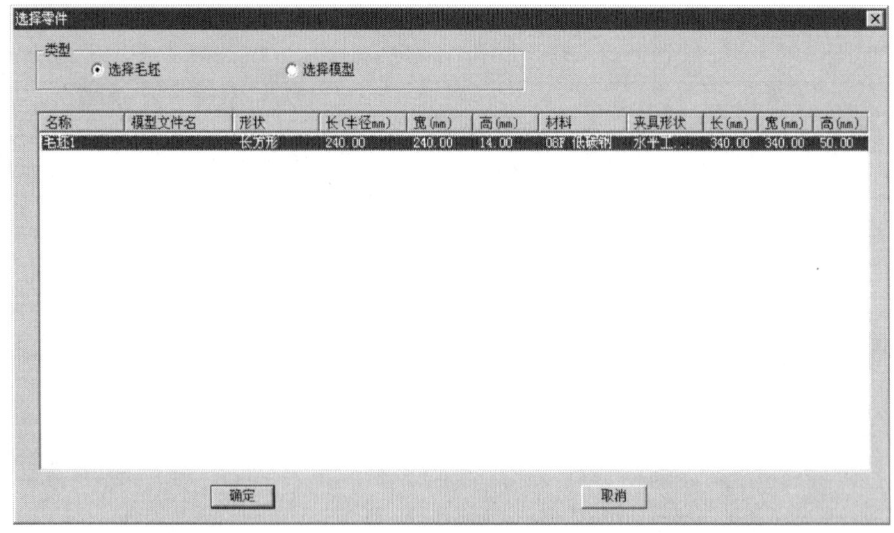

图 18-4　“选择零件”对话框

在列表中点击所需的零件，选中的零件信息加亮显示，单击“确定”按钮，系统自动关闭对话框，零件和夹具（如果已经选择了夹具）将被放到机床上。对于卧式加工中心还可以在上述对话框中选择是否使用角尺板。如果选择了使用角尺板，那么在放置零件时，角尺板同时出现在机床台面上。

如果经过“导入零件模型”的操作，对话框的零件列表中会显示模型文件名，若在类型列表中选择“选择模型”，则可以选择导入零件模型文件，如图 18-5 所示。选择后，零件模型即经过部分加工的成型毛坯被放置在机床台面上，如图 18-6 所示。

（5）调整零件位置。零件可以在工作台面上移动。毛坯放上工作台后，系统将自动弹出一个小键盘，如图 18-7 所示，通过按动小键盘上的方向按钮，实现零件的平移和旋转或车床零件调头。小键盘上的“退出”按钮用于关闭小键盘。选择菜单“零件/移动零件”也可以打开小键盘。

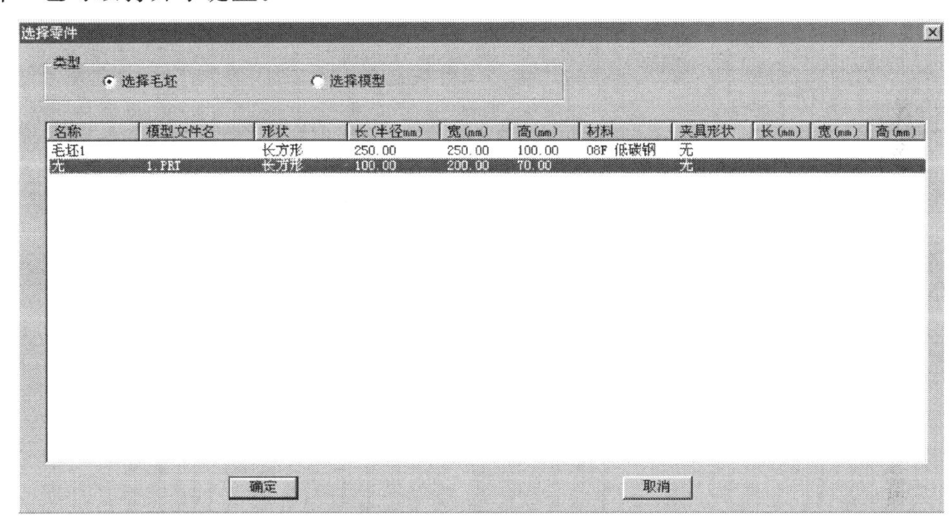

图 18-5　“导入零件”对话框

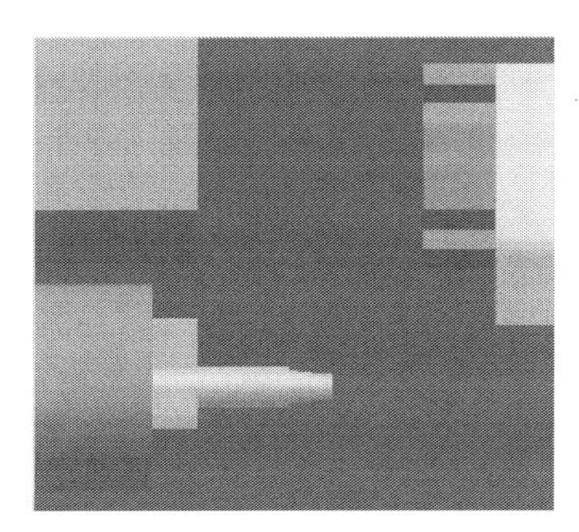

图 18-6　成型毛坯

图 18-7　小键盘

3）选择刀具

打开菜单“机床/选择刀具”　或者在工具条中选择“　”，系统弹出“车刀选择”对话框，如图 18-8 所示。

系统中数控车床允许同时安装 8 把刀具。

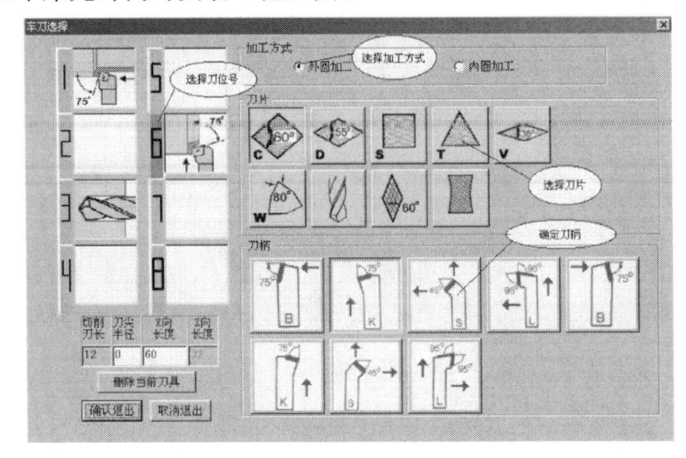

图 18-8 “车刀选择”对话框

（1）选择车刀。

①在对话框左侧排列的编号 1～8 中，选择所需的刀位号。刀位号即车床刀架上的位置编号。被选中的刀位编号的背景颜色变为蓝色。

②指定加工方式，可选择内圆加工或外圆加工。

③在刀片列表框中选择了所需的刀片后，系统自动给出相匹配的刀柄供选择，可以根据加工的需要选择适用的刀柄。

④选择刀柄。当刀片和刀柄都选择完毕，刀具被确定，并且输入到所选的刀位中。旁边的图片显示其适用的方式。

（2）刀尖半径。显示刀尖半径，允许操作者修改刀尖半径，刀尖半径可以为0～10mm。

（3）刀具长度。显示刀具长度，允许修改刀具长度。刀具长度是指从刀尖开始到刀架的距离。刀具长度的范围为 60～300mm。

（4）输入钻头直径。当在刀片中选择钻头时，“钻头直径”一栏变亮，允许输入直径。钻头直径的范围为 50～100mm。

（5）删除当前刀具。在“已选择的刀具”列表中选择要删除的刀具，在当前选中的刀位号中的刀具可通过“删除当前刀具”键删除。

（6）确认选刀。选择完刀具，完成刀尖半径（钻头直径），刀具长度修改后，单击“确认退出”键完成选刀，刀具按所选刀位安装在相应的刀架上。如果放弃本次选择，单击“取消退出”键退出选刀操作。

2. FANUC-0i 标准机床面板操作

在机床操作面板上，置光标于旋钮上，单击鼠标左键，旋钮逆时针转动；单击鼠标右键，旋钮顺时针转动。进行模式切换，面板如图 18-9 所示。

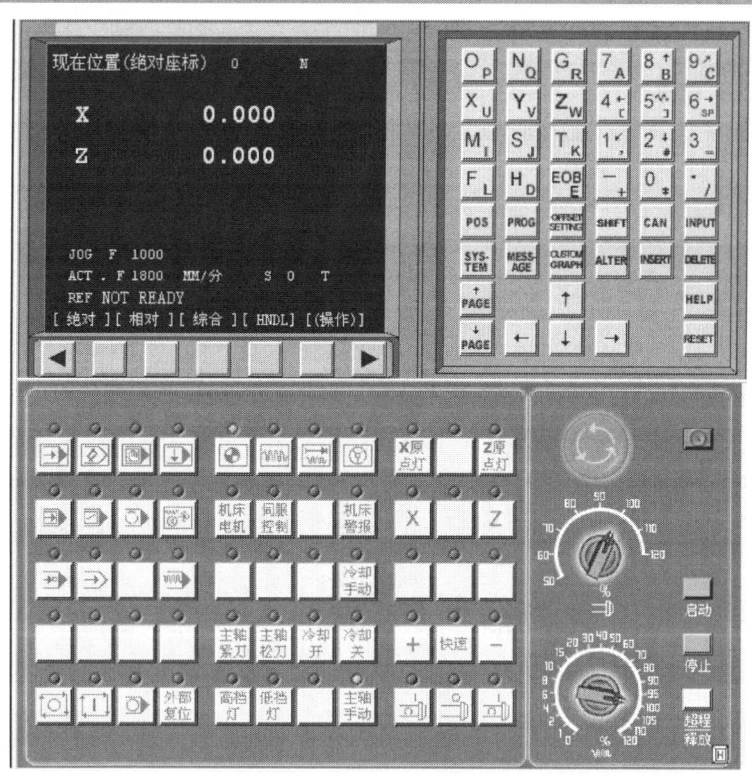

图 18-9　FANUC-0i 车床标准面板

1）激活机床

单击启动按钮，此时机床电机和伺服控制的指示灯变亮。

检查急停按钮是否松开至状态，若未松开，单击急停按钮，将其松开。

2）机床回参考点

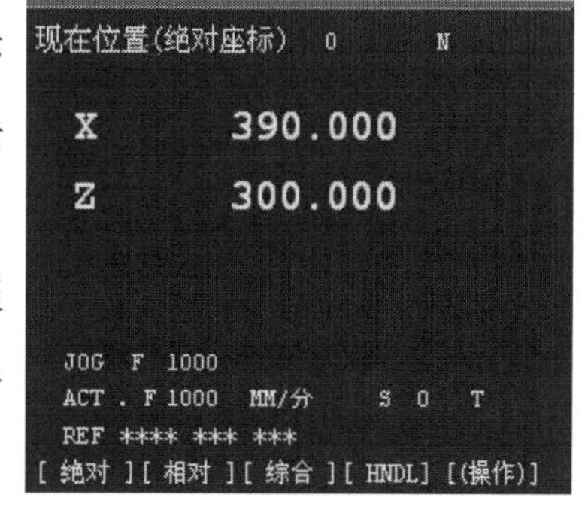

图 18-10 回原点界面

检查操作面板上回原点指示灯是否亮，若指示灯亮，则已进入回原点模式；若指示灯不亮，则单击按钮，进入回原点模式。

在回原点模式下，先将 *X* 轴回原点，单击操作面板上的 X 按钮，使 *X* 轴方向移动指示灯变亮，单击 +，此时 *X* 轴将回原点，*X* 轴回原点灯变亮，CRT 上的 *X* 坐标变为 390.00。图 18-10 为回原点界面图样，再单击 *Z* 轴方向移动按钮 Z，使指示灯变亮，单击 +，此时，*Z* 轴将回原点，*Z* 轴回原点灯变亮，CRT 上 *Z* 的坐标变为 300.00。

3）设置工件坐标系原点（对刀）

数控程序一般按工件坐标系编程，对刀的过程就是建立工件坐标系与机床坐标系之间关系的过程。

(1) 刀具偏置量直接输入设置工件坐标系及对刀方法。单击操作面板上的手动按钮，手动状态指示灯变亮，机床进入手动操作模式，单击控制面板上的 X 按钮，使 X 轴方向移动指示灯变亮 X，单击 + 或 −，使机床在 X 轴方向移动；同样，使机床在 Z 轴方向移动。通过手动方式将机床移到如图 18-11 所示的大致位置。

①Z 轴偏置量的设定。

a. 单击操作面板上的按钮，使其指示灯变亮，主轴转动。单击控制面板上的 X 按钮，使 X 轴方向移动指示灯变亮 X，单击 −，切削工件端面，如图 18-12 所示。然后单击 + 按钮，Z 方向保持不动，刀具退出。

b. 单击操作面板上的按钮，使主轴停止转动。

c. 在 MDI 键盘上单击 OFFSET SETTING 键。

d. 把光标定位在需要设定的刀具号上。按下需要设定的轴“Z”键。

e. 输入工件坐标系原点的距离（注意距离有正负号）。

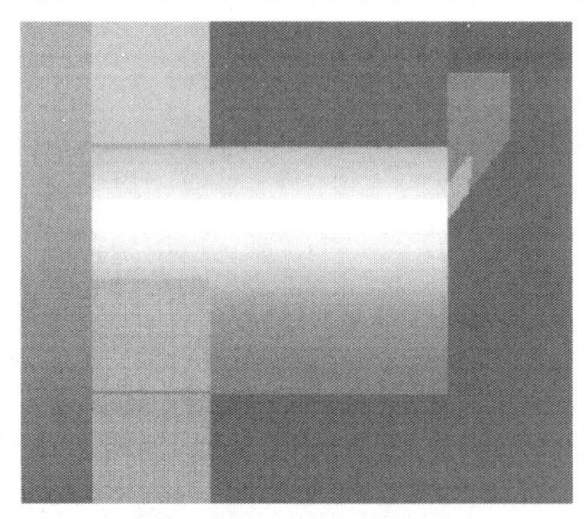

图 18-11 切削外圆位置

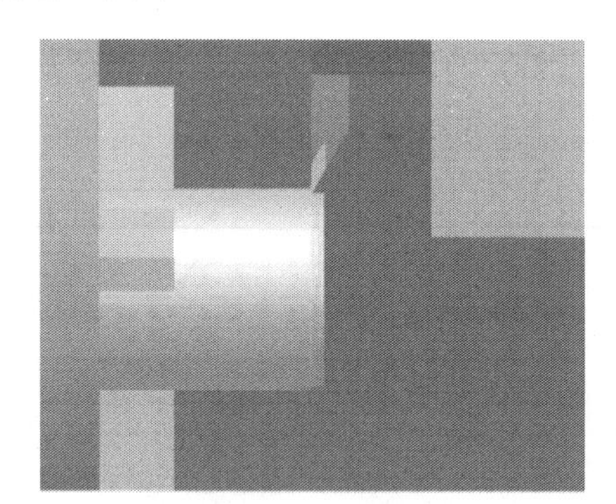

图 18-12 切削端面

f. 单击软键“测量”，自动计算出坐标值填入，如图 18-13 所示。

②X 轴偏置量的设定。

a. 单击操作面板上的按钮，使其指示灯变亮，主轴转动。再单击 Z 轴方向移动按钮 Z，使 Z 轴方向指示灯变亮 Z，单击 −，用所选刀具试切工件外圆，如图 18-14 所示。然后单击 + 按钮，X 方向保持不动，刀具退出。

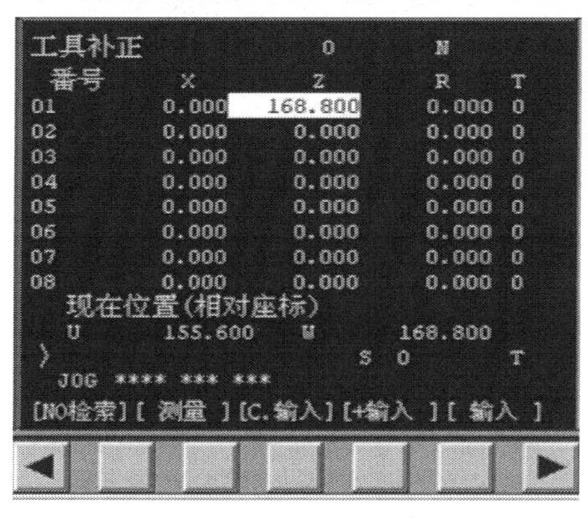

图 18-13 刀补画面

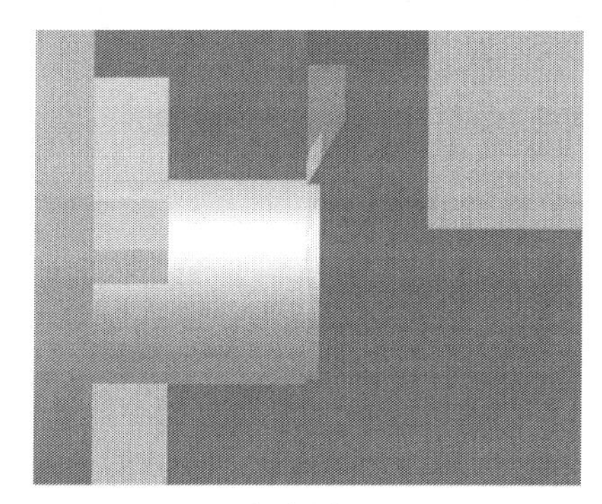

图 18-14　切削外圆

b. 单击操作面板上的按钮，使主轴停止转动，单击菜单“测量/坐标测量”，如图 18-15 所示，单击试切外圆时所切线段，选中的线段由红色变为黄色。记下下面对话框中对应的 X 的值 α。

c. 在 MDI 键盘上单击OFFSET SETTING键。

d. 按下需要设定的轴“X”键。

e. 输入直径值 α。

f. 单击软键“测量”，自动计算出坐标值填入。对所有使用的刀具重复以上步骤，完成多把刀的对刀。

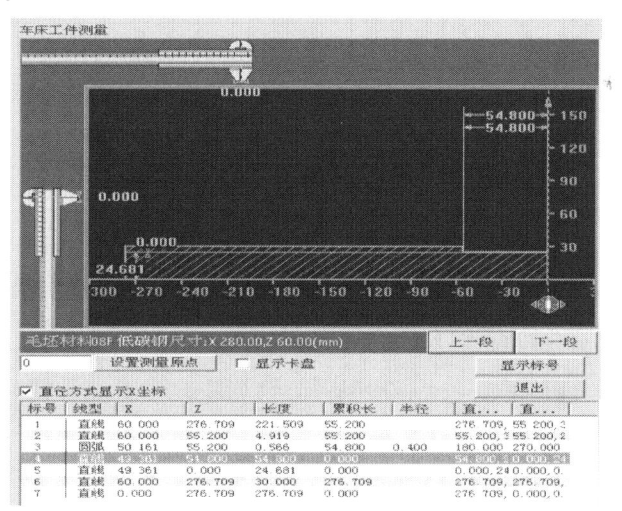

图 18-15　测量切削位置直径

(2) G54～G59 设置工件坐标系及对刀方法。在 MDI 键盘上单击OFFSET SETTING键，按软键“坐标系”，进入坐标系参数设定界面，输入“0x”（01 表示 G54，02 表示 G55，以此类推），按软键“NO 检索”，光标停留在选定的坐标系参数设定区域，如图 18-16 所示。

也可以用方位键 ↑ ↓ ← → 选择所需的坐标系和坐标轴。利用 MDI 键盘输入通过对刀得到的工件坐标原点在机床坐标系中的坐标值。

设通过对刀得到的工件坐标原点在机床坐标系中的坐标值（如 167.920，200.400），则首先将光标移到 G54 坐标系 *X* 的位置，在 MDI 键盘上输入“167.920”，按软键“输入”或单击 INPUT，参数输入到指定区域，或在 *X* 轴不动的情况下输入测得直径值“X60.”，按软键“测量”自动计算出坐标值填入。

单击 ↓ ，将光标移到 *Z* 的位置，输入“200.400”，按软键“输入”或单击 INPUT，参数输入到指定区域。或在 *Z* 轴不动的情况下输入工件坐标系原点的距离“Z0”，按软键“测量”自动计算出坐标值填入。此时 CRT 界面如图 18-17 所示。

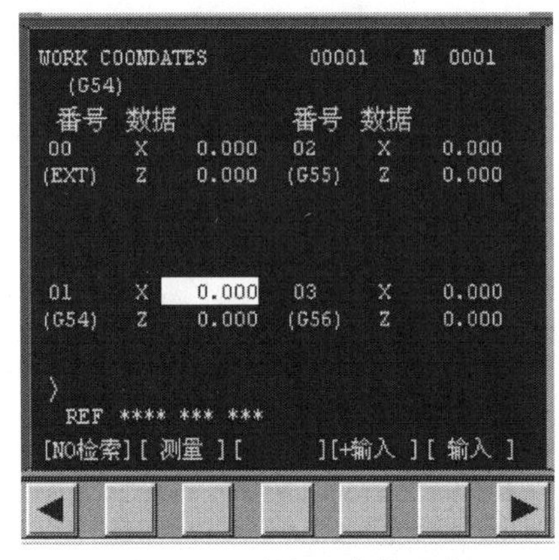

图 18-16　坐标系参数设定

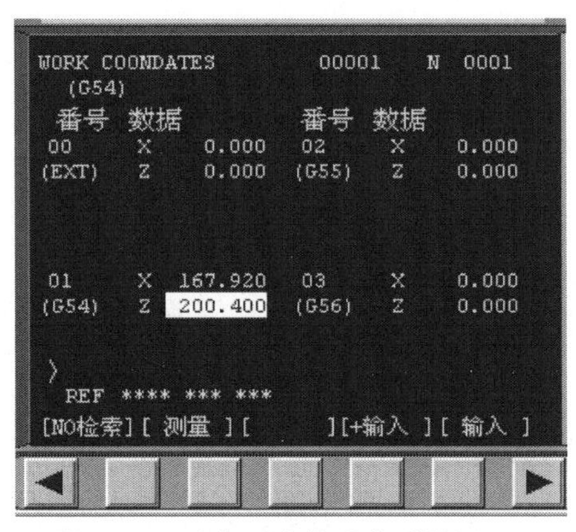

图 18-17　坐标系参数设定后界面

注：X 坐标值为－100，须输入“X－100.00”；若输入“X－100”，则系统默认为－0.100。

如果按软键“＋输入”，键入的数值将和原有的数值相加以后输入。

3. 车床刀具补偿参数

车床的刀具补偿包括刀具的磨损量补偿参数和形状补偿参数，两者之和构成车刀偏置量补偿参数。

1）输入磨耗量补偿参数

刀具使用一段时间后磨损，会使产品尺寸产生误差，因此需要对刀具设定磨损量补偿。步骤如下：

在 MDI 键盘上单击 OFFSET SETTING 键，进入磨耗补偿参数设定界面，如图 18-18 所示。用方位键 ↑ ↓ 选择所需的番号，并用 ← → 确定所需补偿的值。单击数字键，输入补偿值到输入域。按软键“输入”或单击 INPUT，参数输入到指定区域。单击 CAN 键逐字删除输入域中的字符。

2）输入形状补偿参数

在 MDI 键盘上单击 OFFSET SETTING 键，进入形状补偿参数设定界面，如图 18-19 所示。用方位

键 ↑ ↓ 选择所需的番号，并用 ← → 确定所需补偿的值。单击数字键，输入补偿值到输入域。按软键“输入”或单击INPUT，参数输入到指定区域。单击CAN键逐字删除输入域中的字符。

工具补正/摩耗　　O　　N

番号	X	Z	R	T
01	0.000	0.000	0.000	0
02	0.000	0.000	0.000	0
03	0.000	0.000	0.000	0
04	0.000	0.000	0.000	0
05	0.000	0.000	0.000	0
06	0.000	0.000	0.000	0
07	0.000	0.000	0.000	0
08	0.000	0.000	0.000	0

现在位置(相对座标)
U　-114.567　W　89.550
>　S　0　T
JOG **** *** ***

图 18-18　磨耗补偿参数设定

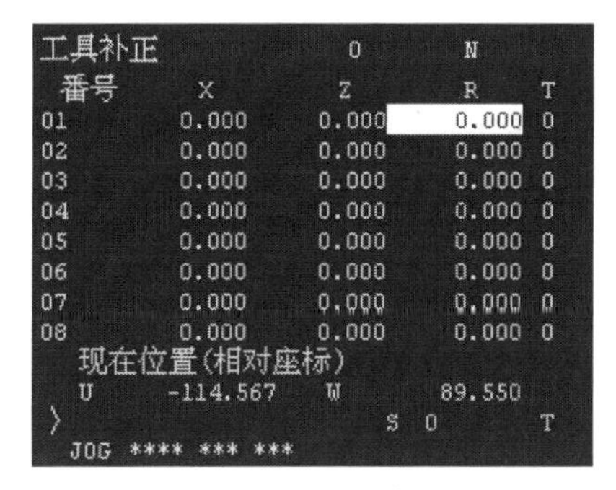

工具补正　　O　　N

番号	X	Z	R	T
01	0.000	0.000	0.000	0
02	0.000	0.000	0.000	0
03	0.000	0.000	0.000	0
04	0.000	0.000	0.000	0
05	0.000	0.000	0.000	0
06	0.000	0.000	0.000	0
07	0.000	0.000	0.000	0
08	0.000	0.000	0.000	0

现在位置(相对座标)
U　-114.567　W　89.550
>　S　0　T
JOG **** *** ***

图 18-19　形状补偿参数设定

3）输入刀尖半径和方位号

分别把光标移到 R 和 T，按数字键输入半径或方位号，按软键“输入”。

4．手动操作

1）手动/连续方式

单击操作面板上的“手动”按钮，使其指示灯亮，机床进入手动模式。

分别单击 X 、Z 键，选择移动的坐标轴。

分别单击 + 、− 键，控制机床的移动方向。

单击，控制主轴的转动和停止。

注：刀具切削零件时，主轴需转动。加工过程中刀具与零件发生非正常碰撞后（非正常碰撞包括车刀的刀柄与零件发生碰撞，系统弹出警告对话框，同时主轴自动停止转动，调整到适当位置，继续加工时需再次单击按钮，使主轴重新转动。

2）手动脉冲方式

在手动/连续方式，需精确调节机床时，可用手动脉冲方式调节机床。

单击操作面板上的“手动脉冲”按钮或，使指示灯变亮。

单击按钮，显示手轮。

鼠标对准“轴选择”旋钮，单击左键或右键，选择坐标轴。

鼠标对准“手轮进给速度”旋钮，单击左键或右键，选择合适的脉冲当量。

鼠标对准手轮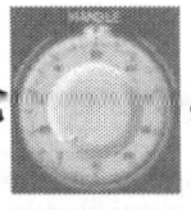，单击左键或右键，精确控制机床的移动。

单击，控制主轴的转动和停止。

单击，可隐藏手轮。

5. 数控程序处理

1）导入数控程序

数控程序可以通过记事本或写字板等编辑软件输入并保存为文本格式文件，也可直接用 FANUC-0i 系统的 MDI 键盘输入。

单击操作面板上的编辑，编辑状态指示灯变亮，此时已进入编辑状态。

单击 MDI 键盘上的PROG，CRT 界面转入编辑页面。再按软键“操作”，在出现的下级子菜单中单击软键，单击软键“READ”，转入如图 18-20 所示界面，单击 MDI 键盘上的数字/字母键，输入“Ox”（x 为任意不超过四位的数字），单击软键“EXEC”；单击菜单“机床/DNC 传送”，在弹出的对话框中选择所需的 NC 程序，单击“打开”确认，则数控程序被导入并显示在 CRT 界面上，如图 18-21 所示。

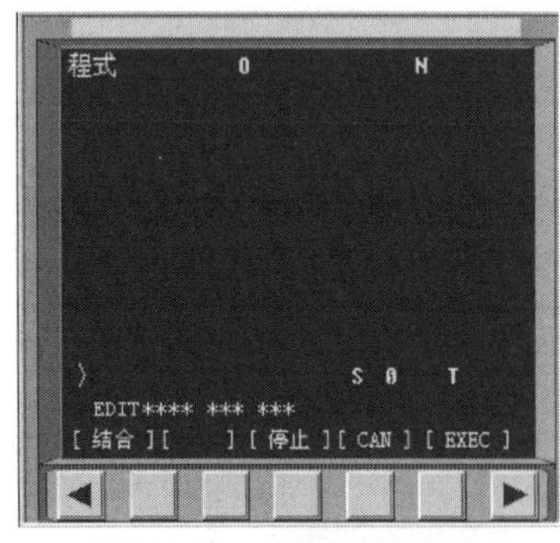

图 18-20 导入数控程序

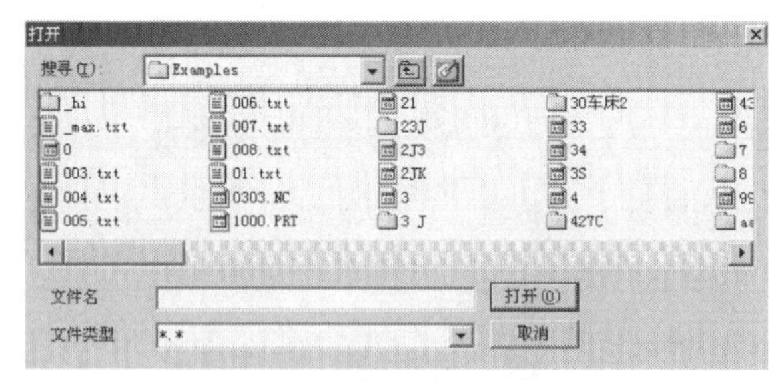

图 18-21 数控程序导入并显示

2）数控程序管理

（1）显示数控程序目录经过导入数控程序操作后，单击操作面板上的编辑，编辑状态指示灯变亮，此时已进入编辑状态。单击 MDI 键盘上的PROG，CRT 界面转入编辑页面。单击软键“LIB”，经过 DNC 传送的数控程序名显示在 CRT 界面上，如图 18-22

所示。选择一个数控程序，经过导入数控程序操作后，单击 MDI 键盘上的PROG，CRT 界面转入编辑页面。利用 MDI 键盘输入“Ox”（x 为数控程序目录中显示的程序号），单击↓键开始搜索，搜索到后“OXXXX”显示在屏幕首行程序号位置，NC 程序显示在屏幕上。

（2）删除一个数控程序。单击操作面板上的编辑，编辑状态指示灯变亮，此时已进入编辑状态。利用 MDI 键盘输入“Ox”（x 为要删除的数控程序在目录中显示的程序号），单击DELETE键，程序即被删除。

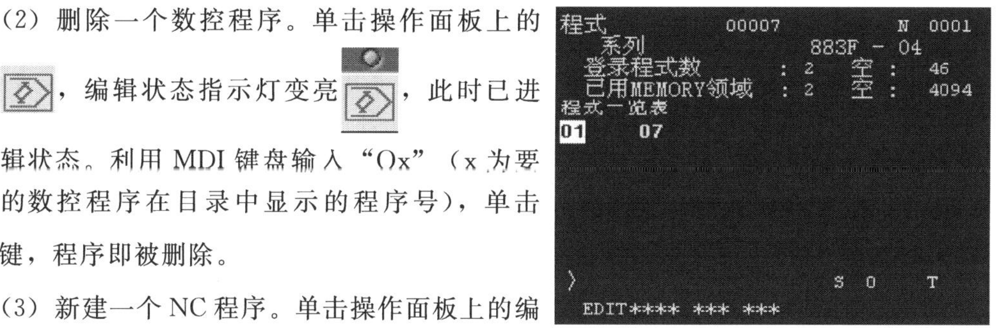

图 18-22　数控程序

（3）新建一个 NC 程序。单击操作面板上的编辑，编辑状态指示灯变亮，此时已进入编辑状态。单击 MDI 键盘上的PROG，CRT 界面转入编辑页面。利用 MDI 键盘输入“Ox”（x 为程序号，但不可以与已有程序号重复），单击INSERT键，CRT 界面上显示一个空程序，可以通过 MDI 键盘开始程序输入。输入一段代码后，单击INSERT键，输入域中的内容显示在 CRT 界面上，用回车换行键EOB E结束一行的输入后换行。

（4）删除全部数控程序。单击操作面板上的编辑，编辑状态指示灯变亮，此时已进入编辑状态。单击 MDI 键盘上的PROG，CRT 界面转入编辑页面。利用 MDI 键盘输入“O－9999”，单击DELETE键，全部数控程序即被删除。

3）编辑程序

单击操作面板上的编辑，编辑状态指示灯变亮，此时已进入编辑状态。单击 MDI 键盘上的PROG，CRT 界面转入编辑页面。选定了一个数控程序后，此程序显示在 CRT 界面上，可对数控程序进行编辑操作。

（1）移动光标。单击↑PAGE和↓PAGE用于翻页，单击方位键↑ ↓ ← →移动光标。

（2）插入字符。先将光标移到所需位置，单击 MDI 键盘上的数字/字母键，将代码输入到输入域中，单击INSERT键，把输入域的内容插入光标所在代码后面。

（3）删除输入域中的数据。单击CAN键用于删除输入域中的数据。

（4）删除字符。先将光标移到所需删除字符的位置，单击DELETE键，删除光标所在的代码。

（5）查找。输入需要搜索的字母或代码；单击↓开始在当前数控程序中光标所在位置后搜索（可以是一个字母或一个完整的代码，如“N0010”“M”等）。如果此数控程序中有所搜索的代码，则光标停留在找到的代码处；如果此数控程序中光标所在位置后没有所搜索的代码，则光标停留在原处。

（6）替换。先将光标移到所需替换字符的位置，将替换成的字符通过 MDI 键盘输入到输入域中，单击ALTER键，把输入域的内容替代光标所在的代码。

4）保存程序

编辑好的程序需要进行保存操作。

单击操作面板上的编辑，编辑状态指示灯变亮，此时已进入编辑状态。单击软键“操作”，在下级子菜单中单击软键“Punch”，在弹出的对话框中输入文件名，选择文件类型和保存路径，单击“保存”按钮，如图 18-23 所示。

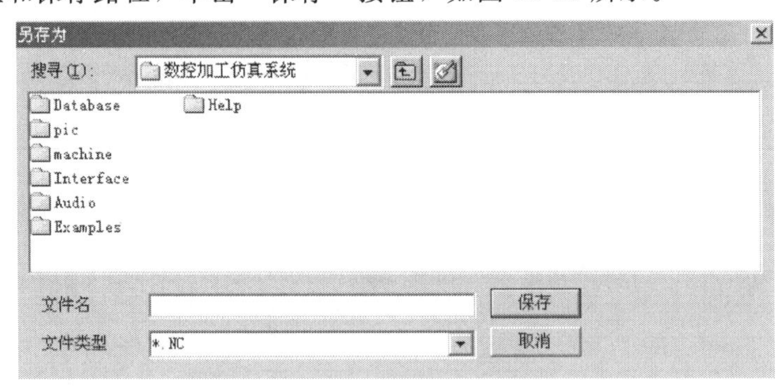

图 18-23　保存界面

6. 自动加工方式

（1）自动加工流程。检查机床是否回零，若未回零，先将机床回零。

导入数控程序或自行编写一段程序。

单击操作面板上的“自动运行”按钮，使其指示灯变亮。

单击操作面板上的[按钮]，程序开始执行。

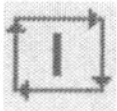

（2）中断运行。数控程序在运行过程中可根据需要暂停、停止、急停和重新运行。

数控程序在运行时，单击暂停键[按钮]，程序暂停执行；再单击[按钮]键，程序从暂停位置开始执行。

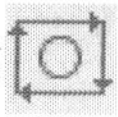

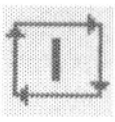

数控程序在运行时，单击停止键[按钮]，程序停止执行；再单击[按钮]键，程序从开头重新执行。

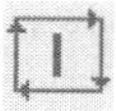

数控程序在运行时，单击急停按钮[按钮]，数控程序中断运行，继续运行时，先将急停按钮松开，再单击[按钮]按钮，余下的数控程序从中断位置开始作为一个独立的程序执行。

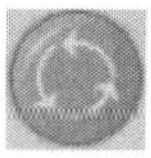

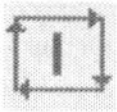

（3）自动/单段方式。

检查机床是否机床回零。若未回零，先将机床回零。

再导入数控程序或自行编写一段程序。

单击操作面板上的“自动运行”按钮，使其指示灯变亮[按钮]。

单击操作面板上的“单节”按钮[按钮]。

单击操作面板上的[按钮]，程序开始执行。

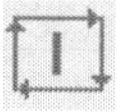

注：自动/单段方式执行，每一行程序均需单击一次[按钮]按钮。

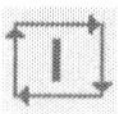

注：单击“单节跳过”按钮[按钮]，则程序运行时跳过符号“/”有效，该行成为注释行，不执行单击“选择性停止”按钮[按钮]，则程序中 M01 有效。

可以通过主轴倍率旋钮[旋钮]和进给倍率旋钮[旋钮]来调节主轴旋转的速度、移动的速度。

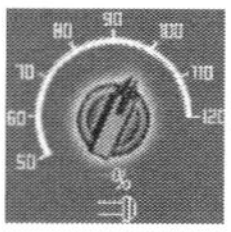

单击RESET键可将程序重置。

（4）检查运行轨迹。

NC 程序导入后，可检查运行轨迹。

单击操作面板上的自动运行按钮，使其指示灯变亮，转入自动加工模式，单击 MDI 键盘上的PROG按钮，单击数字/字母键，输入“Ox”（x 为所需要检查运行轨迹的数控程序号），单击↓开始搜索，找到后，程序显示在 CRT 界面上。单击CUSTOM GRAPH按钮，进入检查运行轨迹模式，单击操作面板上的循环启动按钮，即可观察数控程序的运行轨迹，此时也可通过“视图”菜单中的动态旋转、动态放缩、动态平移等方式对三维运行轨迹进行全方位的动态观察。

7. MDI 模式

单击操作面板上的按钮，使其指示灯变亮，进入 MDI 模式。

在 MDI 键盘上单击PROG键，进入编辑页面。

输写数据指令：在输入键盘上单击数字/字母键，可以进行取消、插入、删除等修改操作。

单击数字/字母键键入字母“O”，再键入程序号，但不可以与已有程序号重复。

输入程序后，用回车换行键EOB E结束一行的输入后换行。

移动光标：单击↑PAGE ↓PAGE上下方向键翻页。单击方位键↑ ↓ ← →移动光标。

单击CAN键，删除输入域中的数据；单击DELETE键，删除光标所在的代码。

单击键盘上INSERT键，输入所编写的数据指令。

输入完整数据指令后，单击循环启动按钮运行程序。

用RESET清除输入的数据。

学习引导

采用仿真软件模拟加工图 18-24 所示零件。

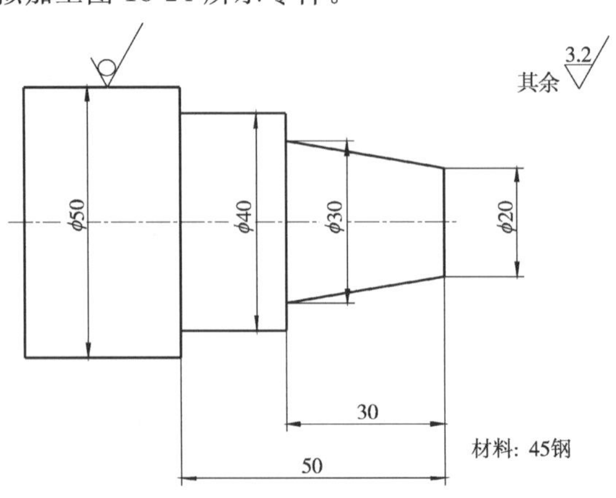

图 18-24 仿真零件加工任务图

1. 准备工作

分析图样、制定加工方案、编写加工程序。

2. 工件的仿真加工

（1）打开软件。启动仿真软件，进入系统开机界面。

（2）开机床。单击启动按钮，单击急停按钮，将其松开。

（3）回参考点。单击按钮，进入回原点模式。单击操作面板上的按钮，使 X 轴方向移动指示灯变亮，单击，此时 X 轴将回原点，X 轴回原点灯变亮；同样，再单击 Z 轴方向移动按钮，使指示灯变亮，单击，此时，Z 轴将回原点，Z 轴回原点灯变亮。分别移动 X 轴和 Z 轴，使刀架离开原点。

（4）定义毛坯。打开菜单“零件/定义毛坯”或在工具条上选择“”，系统打开如图 18-2 所示对话框，设定毛坯直径为 ϕ50mm、长度为 80mm 的 45 钢棒料。

（5）安装零件。打开菜单“零件/放置零件”命令或者在工具条上选择图标系统弹出操作对话框，如图 18-4 所示，在列表中单击所需的零件，零件将被放到机床卡盘上。系统将自动弹出一个小键盘，如图 18-7 所示，通过按动小键盘上的方向按钮，使零件的伸出长度为 55mm。

（6）选择刀具并安装。打开菜单“机床/选择刀具”或者在工具条中选择“”，系统弹出“车刀选择”对话框。依次选择“外圆加工”，刀片选择“D”型，刀柄选择第一种，此时 1 号刀位显示刀具的类型和已经安装完备，单击“确定”键退出。

（7）对刀。单击操作面板上的手动按钮，手动状态指示灯变亮，机床进入手动操作模式，车削端面并沿 X 轴方向退刀，在 MDI 键盘上单击键，将光标移动至 1 号刀具的 Z 坐标处，输入“Z0”，单击软键“测量”，Z 向刀补参数自动输入；车削外圆并沿 Z 向退刀，单击操作面板上的按钮，使主轴停止转动，单击菜单“测量/坐标测量”，如图 18-15 所示，单击试切外圆时所切线段，选中的线段由红色变为黄色。记下下面对话框中对应的 X 值“d”，在 MDI 键盘上单击键，将光标移动至 1 号刀具的 X 坐标处，输入“Xd”，单击软键“测量”，X 向的刀补参数自动输入。

（8）程序输入。单击操作面板上的编辑，编辑状态指示灯变亮，此时已进入编辑状态。单击 MDI 键盘上的PROG，CRT 界面转入编辑页面，通过 MDI 键盘手动将编制好的程序输入系统中。

（9）自动加工。在编辑状态下，选择刚才输入的程序，单击操作面板上的“自动运行”按钮，使其指示灯变亮。单击操作面板上的，程序开始执行。

巩固提高

1. 如何在仿真系统中完成对刀？

2. 如何进行仿真系统的零件掉头加工操作？

3. 在仿真系统中，如何检查刀具运行轨迹？

4. 如何将程序从其他载体转到仿真系统中？

5. 在综合练习件（课题十二）中任选一件，完成其仿真加工。

附录

附录一　FANUC 系统准备功能表

序　　号	代　　码	组　　别	功　　能
1	G00	01	定位（快速移动）
2	G01		直线插补（进给速度）
3	G02		顺时针圆弧插补
4	G03		逆时针圆弧插补
5	G04	00	暂停（延时）
6	G10		可编程数据输入
7	G20	06	英制输入单位
8	G21		公制输入单位
9	G22	04	存储行程检查接通
10	G23		存储行程检查断开
11	G25	08	主轴速度波动检测断开
12	G26		主轴速度波动检测接通
13	G27	00	返回并检查参考点
14	G28		返回参考点位置
15	G30		第 2、3、4 参考位置返回
16	G32	01	螺纹切削
17	G34		变螺距螺纹切削
18	G40	07	取消刀具半径补偿
19	G41		左侧刀具半径补偿
20	G42		右侧刀具半径补偿
21	G50	00	坐标系设定或主轴最大速度设定
22	G52		设置局部坐标系
23	G53		选择机床坐标系
24	G54	14	选用 1 号工件坐标系
25	G55		选用 2 号工件坐标系
26	G56		选用 3 号工件坐标系
27	G57		选用 4 号工件坐标系
28	G58		选用 5 号工件坐标系
29	G59		选用 6 号工件坐标系

续表

序　　号	代　　码	组　　别	功　　　　能
30	G65	00	调用宏指令
31	G66	12	模态宏调用
32	G67		模态宏程序调用注销
33	G70	00	精车固定循环
34	G71		外径粗车循环
35	G72		端面粗车循环
36	G73		固定形状粗车循环
37	G74		Z 向啄式钻孔及端面沟槽粗车循环
38	G75		外径断续切槽循环
39	G76		多层螺纹切削循环
40	G90	01	外圆切削循环
41	G92		螺纹切削循环
42	G94		端面切削循环
43	G96	05	恒线速度控制有效
44	G97		恒线速度控制取消
45	G98	02	进给速度按每分钟进给量指定
46	G99		进给速度按主轴每转进给量指定

附录二　FANUC-0i-MATE-TD 系统报警表及处理方法

序 号	信　　息	内　　　　容
000	请关电源	参数输入后必须关闭电源
001	TH 奇偶校验报警	TH 报警（输入了不正确奇偶校验字符），请纠正纸带
002	TV 奇偶校验报警	TV 报警（程序段中的字符数是奇数），TV 检查有效时此报警将发生
003	数字位太多	输入了超过允许位数的数据
004	地址没找到	在程序段的开始无地址而输入了数字或符号“—”，修改程序
005	地址后面无数据	地址后面无适当数据而是另一地址或 EOB 代码，修改程序
006	非法使用负号	符号“—”输入错误（在不能使用负号的地址后输入了“—”符号，或输入了两个或多个“—”符号），修改程序
007	非法使用小数点	小数点“.”输入错误（在不允许使用的地址中输入了“.”符号，或输入了两个或多个“.”符号），修改程序
009	输入非法地址	在有效信息区输入了不能使用的字符，修改程序

续表

序号	信　　息	内　　　　容
010	不正确的G代码	使用了不能使用的G代码或指令了无此功能的G代码，修改程序
011	无进给速度指令	在切削进给中未指令进给速度或进给速度不当，修改程序
015	指令了太多的轴	超过了允许的同时控制轴数
020	超出半位公差	在圆弧插补（G02或G03）中，起始点与圆弧中心的距离不同于终点与圆弧中心的距离允许它超过参数3410中指定的值
021	指令了非法平面轴	在圆弧插补中指令了不在所选平面内（用G17、G18、G19）的轴，修改程序
022	没有圆弧半径	在圆弧插补中，不管是R（指定圆弧半径）还是I、J和K（指定从起始点到中心的距离）都没有被指令
023	非法半径指令	由半径指令的圆弧插补中，地址R指定了负值，修改程序
028	非法的平面选择	在平面选择指令中，同一方向上指令了两个或更多的轴，修改程序
029	非法偏置值	由H代码指定的补偿值太大，修改程序
030	非法补偿号	由T代码指定的刀具长度补偿号太大，修改程序
031	G10中指令了非法P	由G10设定偏置量时，偏置号的指令P值过大或未被指定，修改程序
032	G10中的非法补偿值	由G10设定偏置量时或由系统变量写入偏置量时，偏置过大
033	在NRC中无结果	刀具半径补偿方式中的交点不能确定，修改程序
034	圆弧指令时不能起刀或取消刀补	刀具半径补偿时G02和G03方式不允许起刀或取消刀补，修改程序
037	在NRC中不能改变平面	由G17、G18或G19选择的平面在刀具半径补偿中被改变，修改程序
038	在圆弧程序段中的干涉	在刀具半径补偿中，将出现过切因为弧开始点或终止点与弧中心一致，修改程序
040	G90/G94段有干涉	在G90或G94固定循环中刀类半径补偿出现过切，修改程序
041	在NRC中的干涉	在刀具半径补偿中，将发生过切，修改程序
046	非法的参考点返回指令	对第2、第3、第4参考点返回指令中，指令了P2、P3和P4之外的指令
053	太多的地址指令	在有CHF/CNR功能的系统中逗号之后指令了R或C之外的符号，修改程序
056	CHF/CNR中没有结束点和角度	只指定角度的下一程序段没有指定角度或终点，修改程序
058	未发现终点	在任意倒角或倒*R*的程序段中指定轴不在所选择的平面内，修改程序
059	未发现程序号在外部程序号	检索中未发现程序号或者指定的程序在背景中，被编辑检查程序号和外部信号或中止背景编辑

续表

序 号	信　　息	内　　　　容
060	未发现顺序号在顺序号	搜寻中未发现指令的顺序号检查顺序号
061	G70～G73 中未发现地址 P/Q	G70、G71、G72 或 G73 中未指令地址 P 或 Q，修改程序
062	在 G71～G76 中有非法指令	1. 在 G71 或 G72 中切削深度为 0 或为负值。 2. 在 G73 中重复次数为 0 或为负值。 3. 在 G74 或 G75 中对 Δi 或 Δk 指定了负值。 4. 在 G74 或 G75 中虽然 Δi 或 Δk 为 0，但地址 U 或 W 被指定了不为 0 的值。 5. 在 G74 或 G75 中，虽然决定了退刀的方向，但对 Δd 指定了负值。 6. 在 G76 中，对第一次的螺纹的高度或切削深度指定了 0 值或负值。 7. 在 G76 中，指定的最小切削深度大于螺纹的高度。 8. 在 G76 中，刀尖的角度指定了不能使用的值，修改程序
063	没有发现顺序号	在 G70、G71、G72 或 G73 指令中，未检索到由地址 P 指定的顺序号，修改程序
064	图形程序为非单调	在重复固定循环（G71 或 G72）中，定义非单调增减的目标形状
065	G71～G73 中的非法指令序	1. 在 G71、G72 或 G73 指令中，用地址 P 指定的顺序号的程序段没有指令 G00 或 G01。 2. 在 G71 或 G72 中,用地址 P 指定的顺序号的程序段重复指令了地址 Z(W)或 X(U),修改程序
066	G71～G73 中的不正确的 G 代码	在 G71、G72 或 G73 中，用地址 P 指定的 2 个程序段之间指令了不可使用的 G 代码，修改程序
067	在 MDI 方式下不能运行	用地址 P 和 Q 指定了 G70、G71、G72 或 G73，修改程序
069	G70 ～ G73 中格式错误	在 G70、G71、G72 或 G73 的用 P 和 Q 指定的程序段中最后的移动指令为倒角或拐角 *R*
070	存储器容量不足	删除任何不必要的程序，然后再试
071	没有发现数据据	未找到所检索的地址或者在程序号检索中未找到用程序号指定的程序请检查数
072	程序太多	所存储的程序数超过了 400 个，删除不必要的程序再执行程序存储
073	程序号已被使用	指令的程序号已被使用，改变程序号或删除不必要的程序再执行程序存储
074	非法程序号	程序号在 1～9999 之外修改程序号
075	保护	想要存储的程序号已被保护
076	没有定义地址 P	在 M98、G65 或 G66 的程序段中没有指令地址 P，修改程序
077	子程序嵌套错误	子程序调用超过了 5 重，修改程序

续表

序号	信息	内容
078	没有找到程序号	在包含M98、M99、G65或G66的程序段中未找到由地址P指定的程序号或顺序号。由GOTO语句指定的顺序号，未找到另外所要调用的程序正在后台编程处理中被编辑。修改程序或中断后台编辑
079	程序检验错误	在存储或程序校对中，存储器中的程序与从外部I/O装置中读取的程序不相符，检查存储器和来自外部装置的程序
G85	通讯错误	当使用纸带阅读机/穿孔机接口输入数据时出现放溢出奇偶错误或帧错误。输入数据的位数或波特率的设定或I/O单元的指定号数不正确
086	DR信号断开	当使用纸带阅读机/穿孔机接口输入数据时纸带阅读机/穿孔机的准备信号（DR）被关断。I/O单元电源关断或未接电缆或P. C. B有问题
087	缓冲区溢出	当使用纸带阅读机/穿孔机接口输入数据时，虽然指定了读终止指令，但在读入10个字符之后，输入不中断I/O单元或P. C. B有问题
090	返回参考点未完成	由于返回参考位置的起点太靠近参考点或速度太慢所以不能正常执行参考点。返回让起点远离参考点或对参考点返回指定较快的速度
091	没有完成参考点	返回在自动操作暂停状态不能执行手动参考点返回
092	轴不在参考点	由G27（参考点返回检测）指令的轴不能返回到参考点
094	不允许P类型（坐标改变）	程序再起动时，不能指定P型（在自动操作被中断后执行坐标系设定操作）。根据操作说明书执行正确操作
095	不允许P类型（EXTOFSCHG）	程序再起动时不能指定P型（在自动操作被中断后外部工件偏移量改变了）。根据操作说明书执行正确操作
096	不允许P类型（WRKOFSCHG）	程序再起动时不能指定P型（在自动操作被中断后工作偏移量改变了）根据操作说明书执行正确操作
097	不允许P类型（自动执行）	程序再起动时不能指定P型（电源接通急停或94～97号P/S报警被复位后未执行自动运行）执行自动运行
098	在顺序返回中发现G28	电源接通或急停之后未执行参考点返回操作就指定了程序再起动。指令并且检索期间找到了G28执行参考点返回
099	检索后不允许执行MDI	在程序再起动中，检索完成之后用MDI给出移动指令
100	参数写允许	在参数（设置）画面PWE（参数写入允许）设定为1。将它设定为0，然后复位系统
101	请清除存储器	当通过程序编辑操作改写存储器时，电源关断。若出现这一报警按下＜PROG＞的同时按下＜RESET＞，正在编辑的程序就会被清除只清程序区
111	计算数据溢出	计算结果超出了允许的范围（$-10^{47}\sim-10^{-29}$，0，$10^{-29}\sim10^{47}$）
112	被零除	除数指定为0（包括tan90°）。修改程序
113	不正确的指令	在用户宏程序中指令了不能使用的功能，修改程序

续表

序 号	信 息	内 容
114	宏程序中格式错误	在＜公式＞的格式中有错误
115	非法变量号	用户宏程序或高速循环切削中将不能指定的值，定为变量号
116	写保护变量	赋值语句的左侧是一个不允许的变量，修改程序
118	括号嵌套错误	括号的嵌套数超过了上限值（5 重），修改程序
119	非法自变量	SQRT 自变量为负 BCD 自变量为负或在 BIN 自变量各行出现了 0～9 以外的值，修改程序
122	4 重宏模态调用	宏调用和宏模态调用被嵌套 4 层，修改程序
123	DNC 中不能使用宏指令	在 DNC 操作期间使用了宏程序控制指令，修改程序
124	缺少结束语句	DO－END 不是一一对应，修改程序
125	宏中格式错误	＜公式＞格式错误，修改程序
126	非法循环数	在 DOn 中，1≤n≤3 未满足，修改程序
127	在同一程序段中有 NC 和宏语句	NC 和宏程序指令混用，修改程序
128	非法宏顺序号	转移指令中定义顺序号不是 0～9999 或者不能检索到它们
129	非法自变量地址序	在＜自变量赋值＞中使用了不允许的地址，修改程序
131	外部报警信息	太多在外部报警信息中发生了 5 次以上的报警参考 PMC 梯形图寻找原因
132	没有发现报警号	在外部报警信息的清零中不存在。检查 PMC 梯形图
135	请执行主轴定向	未进行主轴定向就试图进行主轴分度。执行主轴定向
136	在同一程序段中出现 C/H 代码和移动指令	主轴分度指令 CH 与其他轴的移动指令在同一段中指令，修改程序
137	M 代码和移动指令在同一程序段中	主轴分度的 M 代码与其他轴的移动指令在同一段指令
145	非法指令 G112/G113	当极坐标插补开始或取消时条件不正确。 1. 在 G40 以外的方式中指定了 G12.1/G13.1。 2. 在平面选择中发现有错误。参数 No.5460 和 No.5461 指定不正确。修改程序值或修改参数
150	非法刀具组号刀具组号	超过了最大允许值，修改程序
151	没有发现刀具组号	程序中指令的刀具未设置，修改程序或修改参数
152	没有空间用于刀具的存储	一组内的刀具数超过了存储的最大值，修改刀具数

续表

序号	信　息	内　　容
153	没有发现T代码	在刀具寿命寄存器中未存储指令的T代码，修改程序
155	MO6中的非法T代码	在加工程序中在同一程序段的MO6和T代码与使用中的组不对。应修改程序
156	没有发现P/L指令	在设定刀具组的程序的开头没有P和L指令，修改程序
157	刀具组太多	设定的刀具组号超过了允许的最大值（参看参数No.6800的位0和位1），修改程序
158	非法刀具寿命数据	设定的刀具寿命值过大。修改设定值
159	没有完成刀具数据	设定在执行刀具寿命数据设定程序期间电源被关断重新设定
175	非法G107指令	当圆弧插补开始或取消时条件不正确。为将方式改换到圆柱插补方式按下列格式给出指令"G07.1旋转轴名半径"
176	G107中的不正确G代码代码G53、G54～G59修改程序	在圆柱插补方式中指定了以下任何一个不能指定的G代码 1. 定位的G代码，诸如G28、G76、G81～G89包括快速移动固定的循环代码。 2. 设定坐标系的G代码G50、G52。 3. 设定坐标系的G
190	非法轴选择法值修改程序	在恒表切削面速度控制中轴指定错误（命令参数No.3770）指定轴的指令（P）包含了非法数据
197	在主轴方式下指令了C轴	当CON（DGN=G027#7）信号关断时，程序指定了沿C_f轴的移动。修改程序或者参考PMC梯形图寻找信号未接通的原因
199	指令未定义未定义	所用的宏程序指令。修改用户宏程序
200	非法S代码指令	在刚性攻丝中S值在范围以外或未被指定。在刚性攻丝中，S的最大值用参数5241～5243设定。在参数中改变设定或修改程序
204	非法轴操作	在刚性攻丝中，M代码（M29）程序段和G84（G88）程序段之间指定了轴的移动，修改程序。
205	刚性方式DI信号关断	虽然指定了M代码（M29）但是当执行G84（G88）时，刚性攻丝信号（DGNG061#）不为1。参考PMC梯形图寻找信号未接通的原因
210	不能指令M198/M0999	1. 在DNC操作中或调度方式中执行了M198、M199，修改程序。 2. 在多重固定循环中指定了中，断型宏程序或执行了M9
211	G99中不允许G31（高）	当高速跳转功能时G99中指令了G31，修改程序
212	非法平面选择	在ZX平面以外的平面指令了直接图纸尺寸编程，修改程序
224	返回参考点	在循环启动之前没有返回到参考点
239	BP/S报警	使用外部I/O设备执行穿孔时执行了后台编辑

续表

序号	信　息	内　容
244	P/S 报警	通过扭矩极限跳转功能起作用时，信号输入前，累计误差脉冲数超过了 32767。因此脉冲无法在一次分配中被正确处理，改变条件，例如，沿轴的进给率和扭矩极限再试一次
245	在此程序段中不允许有 T 代码	G50、G10 和 G04 不能与 T 代码在同一程序段中指定
5010	记录结束	指定了记录结束（%）
5020	再启动参数错误	对于程序再起动指定了错误的参数
5059	半径超过范围	圆弧插补期间由 IJK 指令的圆弧中心导致半径超过了 9 位数
5073	没有小数点	对于必须定义小数点的指令没有指令小数点
5074	地址重复错误	在一个程序段中 2 次。或多次指令了同一地址或者在一个程序段中指令了 2 个或多个同一组的 G 代码

附录三　数控车床安全操作规程

一、安全操作基本注意事项

（1）工作时请穿好工作服、安全鞋，戴好工作帽及防护镜。注意：不允许戴手套操作机床。

（2）注意不要移动或损坏安装在机床上的警告标牌。

（3）注意不要在机床周围放置障碍物，工作空间应足够大。

（4）某一项工作如需要两人或多人共同完成时，应注意相互间的协调一致。

（5）不允许采用压缩空气清洗机床电气柜及 NC 单元。

二、工作前的准备工作

（1）机床工作开始工作前要有预热，认真检查润滑系统工作是否正常，如机床长时间未开动，可先采用手动方式向各部分供油润滑。

（2）使用的刀具应与机床允许的规格相符，有严重破损的刀具要及时更换。

（3）调整刀具所用工具不要遗忘在机床内。

（4）大尺寸轴类零件的中心孔是否合适，孔中心如太小，工作中易发生危险。

（5）刀具安装好后应进行一、二次试切削。

（6）检查卡盘夹紧工作的状态。

（7）机床开动前，必须关好机床防护门。

三、工作过程中的安全注意事项

（1）禁止用手接触刀尖和铁屑，铁屑必须用铁钩子或毛刷来清理。

（2）禁止用手或其他任何方式接触正在旋转的主轴、工件或其他运动部位。

（3）禁止加工过程中量活，更不能用棉丝擦拭工件，也不能清扫机床。

（4）车床运转中，操作者不得离开岗位，机床发现异常现象立即停车。

(5) 经常检查轴承温度，过高时应找有关人员进行检查。

(6) 在加工过程中，不允许打开机床防护门。

(7) 严格遵守岗位责任制，机床由专人使用，他人使用须经本人同意。

(8) 当工件伸出车床 100mm 以外时，须在伸出位置设防护物。

四、工作完成后的注意事项

(1) 清除切屑、擦拭机床，使用机床与环境保持清洁状态。

(2) 检查润滑油、冷却液的状态，及时添加或更换。

(3) 依次关掉机床操作面板上的电源和总电源。

参考文献

[1] 北京发那科机电有限公司 . FANUC Series 0i Mate—TD 操作说明书.
[2] 翟瑞波 . 数控加工工艺编程与操作［M］. 北京：中国劳动社会保障出版社，2003.
[3] 沈建峰 . 数控机床编程与操作（数控车床分册）［M］. 北京：中国劳动社会保障出版社，2008.
[4] 劳动和社会保障部教材办公室组织编写 . 数控加工工艺学［M］. 北京：中国劳动社会保障出版社，2005.
[5] 许祥泰，刘艳芳. 数控加工编程实用技术［M］. 北京：机械工业出版社，2010.